우리 아이

인생 습관을

만드는

하루하루

행동 코칭

아동발달 전문가
한춘근 원장이
질문에 답합니다

우리 아이 인생 습관을 만드는 하루하루 행동 코칭

3~7세

한춘근 지음

청어람 Life

책을 펴내며

부모의 마음으로 아이들과 함께해온 지 20년이 훌쩍 지났습니다. 그동안 아이를 잘 키우는 방법을 알고 싶어 하는 부모도 만나고, 상담하는 전문가도 만나고, 육아 관련 교육자가 되려고 준비하는 학생들도 만났습니다.

안타깝게도 아이를 잘 키우는 데 어떤 비법 같은 건 없습니다. 사랑으로 키워야 한다고들 하지만, 그 사랑도 방법에 관해서는 정답이 있는 게 아닙니다. 하지만 적어도 교육적인 육아 방법에는 어떤 것이 있는지, 어떻게 말하고 행동해야 아이에게 상처를 주지 않는지, 아이와의 관계에서 부모가 알아야 할 내용은 무엇인지, 아이의 행동을 어떻게 변화시킬 수 있는지, 어떤 행동에 단호해져야 하는지, 좋은 습관은 어떻게 만들어지는지 등에 관한 몇 가지 기준은 있다고 말씀드릴 수 있습니다.

지난 20년 동안 상담이 필요하다고 찾아온 부모들은 육아가 어렵다, 어떻게 아이를 대해야 하는지 모르겠다, 아이의 행동에 어떻게 대처하고 가르쳐야 하는지 모르겠다, 부모로서 아이의 미래를 위해 무엇을 해주어야 할지 모르겠다 등 고민도 다양했습니다. 아이의 행동 하나하나에 지나치게 예민해 걱정이 많은 부모도 있고, 실제로는 아이에게 상담치료의 도움이 필요한데 잘 느끼지 못하는 부모도 있었습니다. 이처럼 다양한 고민에 대한 답을 찾기 위해 아동발달 관련 상담을 하고, 때로는 기관 상담을 하고, 때로는 강단에서 육아 방법과 상담치료 사례를 공유해왔습니다.

이 책에는 그동안 만난 아이들과 부모들의 상담과 고민에 대한 제 나름의 경험을 담았습니다. 특별히 문제가 되는 행동 상담뿐 아니라 아이를 키우면서 일상에서 자주 문의하는 아동의 정서와 사회성, 습관과 버릇, 부모 교육 관련 내용을 추려 모았습니다. 특히 아이의 행동 특성을 이해하고 대처하는 데 중점을 두었습니다.

20년 넘게 아동 상담을 하다 보니 알게 된 것이 있습니다. 아이를 키운다는 것은 부모도 아이와 함께 성숙해지는 과정이라는 것입니다. 아이를 이해하기 위해서는 부모부터 자신의 말과 행동을 되돌아보아야 합니다. 오늘 내가 아이에게 어떻게 말했는지, 어떤 모습을 보였는지, 어떻게 사랑을 표현했는지뿐 아니라 평소에 하는 사소한 행동들까지도 말입니다.

이 책을 쓰는 데 직접적인 가르침을 준 큰딸 수민과 작은딸 다민에게 고마움을 전합니다. 물심양면 도움을 준 김설아, 이은지 선생님. 그리고 이정근, 원민우, 나혜정, 김이경 원장님. 관악 및 목동아동발달센터 선생님, 한국재활치료기관연합회 임원진, 늘 기획하는 프라미솝, 스피치몰 윤종철 대표님 감사합니다. '좋아요'로 힘을 주신 범우회, 양주회, 동원초, 아동 임상에 힘을 쓰고 있는 한소현, 장세진, 문주원, 그리고 허숙자, 한난희 한난영 장성수, 문양섭, 문지원, 장재열, 아미 선생님 고맙습니다. 도움을 주신 모든 분께 감사의 마음을 전합니다.

부모는 아이에게 좋은 습관을 만들어 멋진 인생의 나래를 펼칠 수 있게 도와주는 존재가 아닐까 합니다. 이 책이 육아로 고민하는 많은 부모에게 도움이 되길 바랍니다.

2019년 4월

목동아동발달센터 원장 한춘근

차례

제 2 장 아이에게 이상한 버릇이 생겼어요
- 습관, 버릇 편

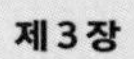

제 3 장 모든 것이 처음인 엄마들을 위해 - 육아, 학습 편

프롤로그

아동 관련 서적을 읽다가 이런 문구 하나를 발견했습니다.

> 아이를 당신에게 준 이유
>
> 왜 아이가 나에게 왔을까? 지금까지 당신은 하고 싶은 대로 살아왔습니다. 해보고 싶은 것 하고, 먹고 싶은 것 먹고, 놀고 싶을 때 놀며. 그런데 이제부터 네 마음대로 되지 않는 것이 있다는 걸 한번 느껴 봐! 하면서 아이를 주었다고 합니다.

가볍게 웃고 넘어갈 수도 있지만, 한편으로는 현실적인 이야기라는 생각이 들었습니다. 아이를 키워본 경험이 있는 부모라면 아마 동감하리라 생각합니다. 내 마음대로 되지 않는 게 있다는 걸 알려주려고 아이를 보냈다니….

'자식은 겉을 낳지 속을 낳는 게 아니다'라는 말이 있지요. 아이를 키우다 보면 아이의 마음을 도통 알 수 없고 어떻게 해야 할지 당황스러울 때가 많습니다. 마치 블랙홀에라도 빠진 것 같은 느낌이 들기도 합니다. 아장아장 걷기 시작해 자신의 손으로 밥을 먹고 옷을 입고, 종알종알 이야기하더니 어느새 가방을 메고 학교에 갑니다. 모든 게 자연스러운 성장 같지만, 그 과정에는 부모의 애틋한 노력과 고민과 인내가 숨어 있습니다.

모든 부모는 건강하고 자존감 높은 아이, 자신과 남을 사랑할 줄 아는 아이, 행복한 미래를 꿈꿀 수 있는 반듯한 아이로 키우고 싶은 바람이 있습니다. 하지만 꿈꾸는 육아와 일상의 육아는 다르지요. 그냥 다른 게 아니라 한참 다르다고 해야 할까요. 잠자는 모습을 보고 있자면 세상에 그렇게 사랑스러울 수가 없습니다. 그러나 일단 깨어나면 그 순간부터는 부모의 인내심의 끝이 어딘지 시험이라도 하려는 듯 변해버립니다. 흡사 어디로 튈지 모르는 공 같습니다. 아이는 매 순간 부쩍부쩍 자라고 있다는 것을 그렇게 온몸으로 보여주지만 그만큼 부모가 해야 하는 일도 책임도 커집니다.

아이와 함께 있으면 가르치고 알려주어야 하는 일들이 참 많습니다. 아이들에겐 태어나서 모든 일이 처음이기 때문이죠. 어지르고 떼쓰고, 종종 이상한 말과 행동으로 가슴을 쓸어내리게도 합니다. 소심한 아이는 이 험한 세상을 어떻게 살까 싶어 걱정이 앞서고, 부산한 아이는 손이 참 많이 가죠. 욕심이 넘치는 아이는 혹시 남에게 피해라도 줄까 노심초사하고, 한시도 쉬지 않고 움직이는 아이는 자리에 앉혀놓고 싶어집니다. 말을 하기 시작하면 언제부터 공부를 시켜야 할지, 어떻게 가르쳐야 할지 고민이 더 깊어집니다. 혹시나 또래 아이들보다 우리 아이가 처질까 봐 조급해지기도 합니다.

어떻게 하면 좋을지 막막하고 힘든 어려운 상황도 일어납니다. 아이를 어떻게 달래야 하는지, 지금의 선택이 아이의 미래를 위해 옳은 것인지, 어떻게 해야 좋은 부모가 되는지 고민거리도 많고 책임감에 때때로 울고 싶어집니다. 아이들은 모르겠죠. 부모도 이 모든 일이 처음이라는 것을, 그래서 부모도 사실은 좋은 방법을 잘 모른다는 것을 말입니다. 현명해 보이는 부모들의 말도 들어보고, 여기저기서 권하는 육아 방법들을 실천해봅니다. 때로는 그 방법이 어렵거나 여건이 되지 않아서 알고도 못 해줄 때면 갈등이 생깁니다. 어렵사리 노력했는데 효과가 전혀 없으면 실망도 크고요. 혹시 아이에게 어떤 상처라도 준 것은 아닌지 자책을 하기도 합니다. 그야말로 부모가 된다는 건 갈등의 연속이고 선택과 결정을 해야 하는 일들이 많아지는 걸 뜻합니다.

상담을 하다 보면 아이를 키우는 많은 부모가 당황스럽다, 이러다 아이가 잘못되는 거 아닌가 싶어서 걱정이다, 어떻게 해야 할지 모르겠다고 어려움을 호소합니다. 하지만 아이들은 아직 자신의 행동이 옳은지 그른지를 잘 알지 못합니다. 일부러 문제 행동을 하는 게 아니지요. 그래서 아이의 상황을 잘 살펴보고 아이가 무얼 표현하고자 하는지를 알게 되면 자연스럽게 아이의 행동을 이해하고 변화시킬 수 있는 방법도 보입니다. 여기서 부모가 고려해야 하는 것은 바로 아이의 성향입니다. 아이의 성격에 따라 쉬운 놀이부터 시작하면 아이는 쉽게 따라오고 빨리 배웁니다.

이 책은 부모들이 많이 질문하고 상담을 청해온 고민을 세 부분으로 나누어 실었습니다. 첫 번째 장에서는 아이의 정서·성격·사회성과 관련된 육아 고민을 소개하고 상황별로 아이의 타고난 특성과 행동에 따른 부모의 육아 방법을 소개했습니다. 예컨대 소심한 아이, 폭력적인 아이, 산만한 아이, 거짓말하는 아이, 욕심이 많은 아이 등 성향에 따른 부모의 훈육과 태도, 놀이치료와 대화법 등입니다. 특히 이 책에 소개하는 놀이는 어렵지 않고 모든 부모가 쉽게 가정에서 따라 해볼 수 있는 내용으로 구성했습니다. 아이의 정서와 성격, 사회성을 기르는 데는 '좋은 놀이가 곧 좋은 교육'이 될 수 있습니다.

두 번째 장에서는 전에 없던 이상한 버릇이 생긴 아이에 대한 고민을 소개하고 아이의 이상 행동과 습관에 관한 내용을 다루었습니다. 아이들은 성장하면서 그 전에 없던 이상한 행동을 하는 시기가 있습니다. 성장하는 과정에 나타나는 자연스러운 행동이라 자라면서 저절로 사라지는 버릇이 있는가 하면, 부모가 적절한 시기에 교정해주지 않으면 성인이 된 후까지도 계속될 수 있는 버릇이 있습니다. 손톱을 물어뜯는다거나, 잠을 잘 안 잔다거나, 코를 후비고, 씻기를 싫어하고, 말을 더듬기도 합니다. 건강이나 자기 관리와 관계된 잘못된 습관은 부모가 어렸을 때 잘 잡아주어야 합니다. 아이가 어느 날부터인가 이상한 행동을 할 때 아이에게 필요한 것이 무엇인지, 어떻게 해야 하는지 등 상담실을 찾아온 많은 부모와 함께 고민하고 치료한 방법들을 소개했습니다.

세 번째 장에서는 부모들이 아이와의 관계에서 하는 실수와 학습 관련 고민을 소개했습니다. 부모들이 아이를 키울 때 어떤 태도와 자세로 아이를 사랑하고 교육해야 하는지 부모의 양육 철학과 기준에 관한 내용입니다. 동영상을 보여줘도 되는지, 아이에게 짜증과 화를 내도 되는지, 매를 들어도 되는지 등 훈육에 관한 상담도 담았습니다. 또한 부모의 말이 아이를 어떻게 달라지게 하는지, 학습이 필요한 시기와 단계별 학습법, 상상력과 창의성·집중력, 스스로 학습할 수 있는 아이로 키우는 놀이법과 육아 방법도 소개했습니다.

이 책에 소개한 상담 사례와 상황에 따른 육아 방법은 부모만이 아니라 아이를 보호하고 교육·치료하는 전문가, 특히 아동들과 호흡하며 긍정적 행동 변화를 기대하는 어린이집·유치원 선생님과 다양한 치료사(언어치료, 미술치료, 놀이치료, 음악치료, 연극치료, 행동치료, 심리운동, 임상심리사) 들에게도 교육과 임상에 적용할 수 있고, 부모 상담에도 도움이 될 수 있을 것입니다.

무엇보다 모든 게 처음인 초보 엄마와 아이에게, 따뜻한 엄마표 코칭 수업으로 아이와 엄마가 서로의 마음을 이해하고 함께 성장하는 데 도움이 되길 바랍니다.

제1장

아이의 마음을 모르겠어요

- 정서, 성격, 사회성 편

"성격 좋고 자존감 높은 아이로 키우고 싶어요."

아이들은 놀이를 통해 성장합니다.
아이들이 즐겨 가지고 노는 장난감과 인형으로
자신이 해보지 못한 역할을
마음껏 흉내 내고 시도할 수 있습니다.
장난감과 인형을 가지고 놀면서
사고가 확장되고, 남을 이해하는 마음을 배우며
마음을 나누는 따뜻함과 정서적 지지도 받습니다.
좋은 성격에 자존감 높고,
사회성 있는 아이로 키우고 싶다면
오늘부터 아이와 함께 놀아주세요.
좋은 놀이가 좋은 교육이 됩니다.
잘 놀고 있는 것이 곧 잘 자라고 있다는 증거입니다.

01
좋아하는 것이 있어도 표현을 못 해요

소심한 아이는 자신이 좋아하는 것을 선뜻 표현하지 못합니다. 남이 보는 앞에서는 수줍어하고, 친구들에게 함께 놀자는 말도 먼저 꺼내기 어려워하지요. 그리고 낯선 곳에 가면 주변을 탐색하고 돌아다니기보다는 가만히 있습니다. 다른 사람의 시선을 많이 의식해 부모 뒤로 숨기도 합니다. 자신감이 부족한 아이들이 대부분 그렇습니다.

이런 성향의 아이는 평소에 가지고 노는 장난감도 한정적입니다. 즐겨 가지고 노는 장난감과 인형을 마음 편한 단짝 친구로 여기고 부모에게 말하지 못하는 일들도 믿고 이야기합니다. 어떤 말과 표현을 하더라도 늘 한결같은 반응을 얻을 수 있으니까요. 이처럼 소심한 성향의 아이는 자칫 활동성과 사회성이 부족해질 수 있습니다. 이런 경우 평소 아끼는 장난감이나 인형을 가지고 부모가 함께 놀아주는 것이 활동성과 사회성을 키우는 데 도움이 됩니다.

소극적인 아이 성향에 맞는 연령별 장난감과 놀이법에는 어떤 것이 있을까요? 소극적인 아이는 장난감도 차분하고 조용한 느낌의 것을 선호합니다. 움직임이 많거나 시끄러운 장난감, 깜짝 놀라게 하는 장난감 등은 썩 좋아하지 않습니다. 조용하게 가지고 놀면서 자신의 세계를 만드는 걸 좋아하지요. 문제가 생겨도 하나씩 차분하게 해결하고, 그 속에서 즐거움과 성취감을 느낍니다.

하지만 정적인 장난감만 가지고 놀다 보면 자칫 활동적인 부분에 대해서는 꺼리는 경향이 강해져서, 다양한 놀잇감에 적응해야 하는 시기를 놓칠 수 있습니다. 이런 아이는 집중은 잘하지만 반면에 늘 조용하게 있어서 활동적이지 않습니다. 아이가 선호하는 장난감과 아이에게 필요한 장난감이 극과 극인 유형입니다. 남자아이를 둔 부모의 경우 아이가 여성스러운 장난감만 가지고 놀면 그대로 두어도 될지 여간 고민스럽지 않습니다.

그리고 이런 아이들은 혼자 하는 놀이를 즐겨 해서 부모의 관심을 많이 필요로 하지 않습니다. 하지만 장난감 조작을 잘하지 못하는 경우 의존하려는 경향이 강해질 수 있습니다. 소극적인 아이의 경우 근육 활동이 적기 때문에 움직임을 늘리고, 혼자 놀기보다는 함께 놀 수 있는 놀이로 사회성을 키워주어야 합니다. 그렇다면 아이의 활동성과 사회성을 키워주는 장난감이나 놀이로는 어떤 것이 좋을까요?

아이가 직접 움직이거나 장난감 자체에 움직임이 있는 것으로 준

소심한 아이를 위한 연령별 추천 장난감

♥ 0~12개월

봉제 장난감, 아기 침대 장난감 또는 누워 있거나 부드러운 촉감을 가진 장난감이 좋습니다.

♥ 13~18개월

퍼즐이나 촉감 인형을 추천합니다. 이는 차분하게 생각하고 맞추는 데 집중하게 해줍니다. 그리고 좋은 감촉은 애착을 형성하는 데 도움이 됩니다.

♥ 19~24개월

인형, 부드러운 인형을 통해 인형놀이를 조용하게 진행합니다. 소극적인 아이의 성향은 움직임도 섬세하고 조심스럽기 때문에 인형들도 차분히 앉아서 이야기하거나 책을 읽는 등의 활동을 할 뿐 운동을 하거나 잡기 놀이 같은 활동을 하지 않는 특징이 있습니다.

♥ 25~36개월

비눗방울, 빨대, 놀이용 피규어를 활용합니다. 작은 힘으로 모양을 만들 수 있어서 많은 활동을 필요로 하지 않는 놀이를 합니다. 입으로 불면 새로운 둥근 비눗방울이 나오는 게 신기해서 아이들이 좋아합니다. 피규어로 자신의 영역을 꾸미고 정해진 공간 안에서 놀이를 합니다.

♥ 만 3~4세

조작하고 그리기를 선호하는 시기이므로 다양한 미술용품을 가지고 하는 그림 그리기나 공작 놀이가 좋습니다. 가만히 앉아서 책 읽기를 즐기는 아이도 있습니다. 아이 내면의 생각을 그림으로, 말로 잘 표현할 수 있도록 이끌어줍니다.

♥ 만 4~5세

거울, 카드(색상과 모양)를 이용해 아이들은 자기 모습을 비춰보며 관찰 놀이를 할 수 있습니다. 카드 같은 놀잇감은 사물을 변별하고 분류하는 인지능력 발달에 도움이 됩니다.

비하여 아이의 성격과 반대되는 활동을 할 수 있게 합니다. 장난감은 버튼을 누르면 반응이 나타나는 장난감으로, 누르면 소리가 나는 악기나 자신의 목소리를 들을 수 있는 전화기 같은 게 좋습니다. 놀이로는 미술 놀이, 가면 놀이, 의사 놀이와 같은 역할 놀이, 또는 가게 놀이, 기차 조립하기, 트램펄린 등을 추천합니다. 단, 조심스럽게 아이의 변화에 따라 단계적으로 접근해야 합니다.

인형과 함께 소꿉놀이하기

혼자서 인형과 이야기를 나눕니다. 아이가 하고 싶은 말들을 인형이 할 수 있도록 합니다. 놀이를 할 때는 배려하는 말을 쓰며, 아이 자신의 존재를 부각하는 말을 합니다. 다른 역할을 해보는 인형 놀이는 사회성 발달에 도움을 줍니다.

"나는 이것을 먹고 싶지만 네가 원하는 것을 만들어서 먹자."

"그래, 뭐 먹고 싶니?"

"칼은 위험하니까 요리는 내가 할 게. 넌 그릇에 담아줘."

"고마워."

곰 인형과 대화하기

오늘 아이에게 있었던 일 중 속상했던 이야기들을 아이가 인형에게 말합니다. 아이는 속상했던 일을 이야기하는 동안 자신의 행동을 되짚어보며 위로를 받고 용기를 얻습니다. 아이는 곰 인형을 자신의 마음을 털어놓을 수 있는 편안한 존재로 생각합니다.

"아까 이렇게 하고 싶었는데 못 했어."

"그런데 정말 하고 싶었어."

"그래서 속상했어."

업어주기

아이들은 엄마가 하는 행동을 그대로 모방합니다. 세상을 살아가는 연습을 하고 있는 것이지요. 아이는 걷기 힘들 때 엄마가 업어준 것을 기억하고 자기보다 약하고 힘들어하는 친구를 보면 도움을 줍니다. 자신이 할 수 있는 일이 있다는 것에 자부심을 느낍니다.

"울지 마, 울지 마, 내가 업어줄게. 어때 좋으니?"

02
무서워하는 게 너무 많아요

어린아이들은 어른이 보기엔 아무렇지도 않은 것들을 무서워하곤 합니다. 예를 들어 신발, 청소기 등의 가전제품을 무서워하기도 하지요. 그런데 유독 무서움을 많이 타는 아이가 있습니다. 무서운 이유도 다양하지요. 화장실 가기 무섭다. 잠잘 때 무섭다. 심지어 TV 프로그램을 볼 때도 무섭다는 아이가 있습니다. 무서워서 이불을 뒤집어쓰고 있기도 합니다. 부모는 아이가 진짜 무서워서 그런 것인지, 관심을 끌려고 일부러 그렇게 이야기하는 것인지 구분이 어려워 고민이 되곤 합니다.

무서움이 많은 아이는 직접 일을 해결하기보다는 엄마에게 부탁을 하는 특징이 있습니다. 처음 듣는 소리나 물건에는 호기심보다 겁부터 내지요. 울기도 잘 하고, 놀이터에 가서 놀 때도 엄마가 있는지 자주 확인합니다. 움직이는 놀이보다 앉아서 하는 놀이를 즐기는 편입니다.

무서움을 느끼는 것도 아이가 커가는 과정 중 하나입니다. 그래서 연령에 따라 무서움의 대상이 바뀌지요. 아이에게 무서움과 두려움은 위험을 감지하고, 그 위험으로부터 자신을 보호해야 한다는 신호입니다. 소리나 형태 같은 시청각 자극이 자신이 생각한 것보다 크거나 강할 때 나타나며, 때로는 실수로 인해 겪은 사고로 크게 놀랐다거나 다치거나 감각적인 자극(통증 등)을 경험한 적이 있기 때문일 수도 있습니다. 다치지 않고 통증이 없이 자라면 좋겠지만, 만약 통증을 느끼지 못한다면 아픈 것을 감지할 수 없기 때문에 위험한 상황에 놓일 수도 있으니 나쁜 것이라고만 할 수도 없습니다.

무서움은 우리 모두 타고나는 감정입니다. 자기 자신을 보호하기 위한 자연스러운 감정입니다. 음산한 소리는 처음 들어도 무서운 기분이 듭니다. 높은 곳에 올라가면 떨어질 것 같아 무섭지요. 이런 무서움과 두려움은 배우지 않고도 저절로 생깁니다.

무서움을 심하게 타는 것은 타고난 성향에서도 원인을 찾을 수 있습니다. 예민한 아이는 작은 변화도 두려워하고, 새로운 것에 대한 적응이 오래 걸립니다. 처음 만난 사람에게는 인사를 잘 못하고 엄마 뒤에 숨고, 처음 가는 장소에는 주저하며 잘 들어가지 못하지요.

이렇게 무서움이 유난히 많은 아이는 사물을 바라보는 감각이 예민해서 일 수도 있습니다. 아이의 예민한 성향과 성격, 경험 등이 환경에 영향을 받아 내재화되어 무서움으로 나타나는 것입니다. 어두운 것을 싫어하는 친구가 화장실에 혼자 가기 무서워한다든지, 신발장 안쪽이 어두워서 신발을 넣기가 무섭다고 한다든지, 소리와 진동이 있는 엘리베이터를 타는 게 무섭다고 한다든지, 그림자가 따라와서 무섭다는 등 특히 시각적인 부분에서 무서움을 느끼는 경우가 많습니다.

또한 부모나 가족 혹은 주변 사람이 무서워하는 대상을 보는 순간 아이는 자신도 그 대상을 무섭다고 생각할 수 있습니다. 평소에는 아무 일 없이 잘 지내던 아이가 어느 시점부터 특정 사물이나 환경을 무서워한다면, 이것은 분명 다른 사람이나 매체를 통해 무서워하는 행동을 보았기 때문입니다. 예를 들면 엄마가 개를 보고 "아이, 무서워!" 하면서 피하는 걸 보았다면 개를 무서워하는 심리가 생길 수 있습니다.

이외에도 다양한 이유로 두려움을 갖게 됩니다. 중요한 것은 아이가 긴장하고 무서움을 보인다면 마음을 안정시키고 아이가 무서워하는 대상은 그럴 만한 이유가 있다고 아이의 심리를 이해하는 모습을 보여주는 것입니다. 그리고 지금은 무서운 게 맞지만 조금만 더 자라면 무섭지 않게 될 것이라고 믿음을 심어주어야 합니다.

그리고 인형을 가지고 역할극을 하며 다양한 상황과 다양한 사람을 만나보는 연습을 해보는 것도 도움이 됩니다. 낯설고 무섭다고 느끼는 상황을 아이가 실제로 접했을 때 놀이를 통해 연습이 어느 정도

되어 있으면 생각보다 덜 무섭다는 느낌을 받게 됩니다. 그러면서 차츰차츰 겁도 줄어들지요.

 인사하기, 인사 잘하는 캐릭터 놀이

무서움이 많은 아이는 낯선 사람에게는 인사하기도 어려워합니다. 소심한 아이가 남들 앞에 나서서 행동하는 것이 어렵다면, 겁이 많은 아이는 사람들 앞에 서는 것 자체를 무서워합니다. 인사를 잘하는 캐릭터를 이용하여 인형 친구들에게 인사를 시키고 인사를 잘하면 칭찬하는 놀이를 통해서 겁내지 않고 씩씩하게 인사하는 습관을 키워줄 수 있습니다.

 병원 놀이, 치과 놀이

병원이나 치과 가는 것을 두려워한다면 병원 놀이를 통해 그런 장소에 가보는 연습을 하여 두려워하는 상황에 둔감해지도록 유도할 수 있습니다. 병원에 가면 어떤 일이 있을지, 어떻게 할지를 병원 놀이를 통해 미리 경험해보면 실제 병원에 가서는 놀이 때의 기억을 떠올리며 덜 무서워합니다.

"어디 아파서 왔나요?"

"배가 아파요."

손 인형으로 대화하기

손가락에 인형들을 끼워놓고 이야기하는 놀이입니다. 가족들과 아이에게 그날 있었던 즐거운 일이나 어린이집에서 있었던 일을 물어보고 대답합니다. 아이가 가면이나 탈을 쓰고 이야기하거나 아이 손에 끼우는 인형을 활용하면 감정이입이 더 잘 됩니다.

"오늘 재미있었던 놀이가 뭐였니?"

"친구들과 무얼 가지고 놀았니?"

"어린이집에 어떤 친구가 있니?"

시장 마트 놀이

시장이나 마트에서 물건을 사는 놀이입니다. 시장에서 여러 사람과 친구를 만나 인사를 하고 필요한 물건도 사봅니다. 자신에게 필요한 것, 사고 싶은 것을 말하는 방법을 익힐 수 있습니다. 이 놀이를 통해서는 다양한 상황에서 다양한 사람을 만날 때 아이가 느끼는 두려움을 줄일 수 있습니다. 놀이를 할 때는 실제로 마트에 가서도 이야기할 수 있도록 다양한 물건을 파는 상점이 좋습니다.

"무엇이 필요하세요?"

"과자 주세요."

"네 오백 원입니다."

"여기 있습니다."

03
작은 일에도 화를 내고 공격적이에요

공격적인 아이는 사소한 일에도 크게 반응합니다. 친구가 자신의 장난감을 집어들면 만지지 말라고 말을 하기보다는 그냥 빼앗아버리지요. 자신이 하고 싶을 때 그것을 못하면 참지 못합니다. 그러다 보니 친구를 꼬집거나 때리고 미는 일이 잦습니다. 친구나 부모에게 거친 말을 하기도 합니다.

실제 상황에서는 모든 일(공격적인 행동)이 지난 다음 친구나 부모와 대화를 하게 되지만 인형 놀이를 통해서는 자신의 행동을 제삼자 입장에서 바라보며 생각할 기회가 생깁니다. 아이는 인형 놀이를 하면서 자신의 행동이 어떤 결과를 가져올지 예상할 수 있게 됩니다. 그리고 다음에 같은 상황이 벌어지면 어떻게 행동을 해야 할지 스스로 고민하고 행동을 바꾸려고 노력합니다.

슈퍼맨이나 원더우먼 인형

잘못을 하는 인형 앞에서 아이가 슈퍼맨이나 원더우먼 같은 영웅 캐릭터가 되어 이야기를 합니다. 이때 옳고 그른 행동에 대한 기준은 아이 스스로 만듭니다. 아이는 놀이를 통해 잘못된 행동을 예측하고 조절할 수 있습니다. 친구를 괴롭히는 대신 친구를 도울 수 있는 아이로 자랍니다.

"네가 친구를 괴롭혔니?"

"미안해. 이젠 그러지 않을게."

소방관 놀이

소방관 놀이는 자신이나 가족 외 다른 사람도 소중하게 생각하는 마음을 가질 수 있게 해주는 놀이입니다. 위험에 처한 사람을 도와주고 어려운 일에도 용기를 내는 정신을 배웁니다. 또한 고마움을 표현하는 방법을 익힐 수 있습니다.

"저기 있는 사람들을 구해야 해!"

"살려주세요!"

"감사합니다."

"고맙습니다."

곰 레슬링

큰 곰 봉제 인형을 상대로 레슬링 경기를 하며 에너지를 풀 수 있는 활동적인 놀이입니다. 에너지를 발산하지 못하게 하는 것이 아니라 적절한 곳에 사용할 수 있도록 하는 것이지요. 행동해야 할 때와 그렇지 않을 때를 구별할 수 있는 상황을 제시하는 것이 핵심입니다.

"내가 힘이 더 세지, 음– 하하하!"

"화나면 곰과 레슬링 한판 하렴."

토끼 인형 놀이

호랑이에게 괴롭힘을 당한 아기 토끼가 엄마 토끼와 이야기를 나누는 상황을 설정합니다. 아이에게 일어날 만한 비슷한 일을 설정하고 이야기에 집중할 수 있도록 합니다. 친구를 괴롭힐 경우 나타나게 될 친구들의 반응을 보여줍니다.

"호랑이가 자꾸 괴롭혀서 무서워."

"그래도 호랑이 너무 꾸중하지 마."

"착한 친구야."

04
가만히 있지 않고 돌아다니며 놀아요

활동적인 아이는 가만히 앉아서 노는 놀이보다는 몸을 움직이며 활동하는 놀이를 좋아합니다. 예를 들면 그림 그리기보다는 놀이터에서 놀이기구를 타는 것을 더 좋아하고, 블록 놀이를 할 때도 집이나 성처럼 고정된 것을 만들기보다는 자동차나 기차처럼 움직이는 것을 만들지요. 그리고 엄마에게 밖으로 나가자고 자주 조릅니다.

활동적인 아이에게는 활동적인 놀이를 하는 동시에 집중할 수 있는 놀이를 골라야 합니다. 행동하기 전에 아이 스스로 생각하는 시간을 가져보는 습관을 만들고, 조심성과 배려심 등을 배우면 리더십을 발휘할 수 있습니다.

활동적인 아이들 가운데는 산만한 아이가 많습니다. 한곳에 진득하게 앉아서 무언가를 하기 어려운 성향 때문이지요. 활동적이면서 산만한 아이에게는 어떤 장난감이 좋을까요? 또 어떻게 놀아주면 아이가 달라질 수 있을까요?

활달하지만 산만한 아이에게는 집중도가 필요한 장난감 또는 움직이는 장난감을 추천합니다. 이때 놀잇감을 가지고 노는 방법이나 할 수 있는 놀이법을 아이에게 정확하게 알려주어야 합니다. 아이가 이것 하다가 저것 하다가 목적 없이 탐색하거나 노는 것이 아니라, 하나를 가지고 놀더라도 정해진 규칙과 방법에 따라 놀이를 하는 것이 중요합니다.

활달하지만 산만한 아이들은 부모나 주위 사람들로부터 행동에 대해 늘 한마디씩 듣다 보니 스트레스를 받는 경우가 많습니다. 이런 경우 아이가 자기가 가지고 놀 장난감을 선택할 수 있게 합니다. 이때 부모가 아무리 막는다 하더라도, 아이는 자기 성향에 따라 장난감을 선택하기 때문에 금지하기보다는 안전하게 놀 수 있는 환경을 만들어주는 게 더 도움이 됩니다.

산만함을 보완할 수 있는 장난감에는 무엇이 있을까요? 움직임이 많은 아이의 행동을 변화시키기 위해서는 시지각을 협응할 수 있으며, 아이의 움직임이 어떤 특정한 결과를 만들어내는 장난감이나 놀이가 좋습니다. 움직이면서 동시에 집중을 할 수 있는 놀이는 산만함을 줄여줍니다. 따라서 눈으로 집중해서 보고 소근육 및 대근육을 이용하는 활동을 진행합니다. 놀이 활동에 목표를 정하면 아이는 그 목표를 이루기 위해서 집중합니다. 이러한 놀이를 반복하면 차츰 산만

활발하고 산만한 아이를 위한 연령별 추천 장난감

♥ 0~12개월

커다란 퍼즐, 모양 찾기 상자를 추천합니다. 퍼즐을 맞추는 결과보다 그것을 맞추기 위해 집중하는 모습(과정)을 칭찬합니다. 모양을 보고 같은 모양을 끼워 넣는 행동이 주의집중하는 활동이 됩니다. 이는 시지각 발달에도 도움이 됩니다.

♥ 13~18개월

적목 놀이, 블록 쌓기를 추천합니다. 조심스럽게 쌓아 올리는 놀이로 집중력을 향상시키는 장난감들입니다. 적목이나 블록은 자유로운 활동이므로 아이의 선택을 존중합니다. 특히 산만한 아이들은 쌓기보다는 넘어뜨리기를 선호하므로 쌓거나 모양을 만드는 중간중간 인내심을 칭찬합니다.

♥ 19~24개월

가족 인형 세트, 소꿉놀이, 봉제 인형, 미술용품 등을 추천합니다. 인형들이 움직이고 이야기하는 과정들을 유심히 살펴보고 아이도 그 활동 속에 포함시켜 집중력을 유도합니다. 소꿉놀이를 할 때는 "음식을 어떻게(접시에 예쁘게) 담아서 곰돌이에게 주자"라는 식으로 목표를 정해줍니다. 그러면 아이들은 만드는 활동에 집중하고 자신이 만든 것에 대해서 자부심을 느낍니다. 미술 활동을 할 때는 자유로움을 추구해야 합니다. 행동을 제한해서 안 됩니다. 생각하는 부분을 마음껏 표현할 수 있는 미술 활동은 집중력과 상상력 발달에 도움이 됩니다.

♥ 25~36개월

구슬 끼우기, 레고 블록 놀이, 병원 놀이를 추천합니다. 소근육을 조절하여 손가락으로 구슬을 끼우는 놀이는 고도의 집중력을 요구합니다. 너무 작은 것보다는 쉽게 들어갈 수 있는 구슬과 실을 준비합니다. 필요에 따라서는 안전한 바늘을 주어도 됩니다.

블록은 쌓을 때마다 형태가 완성되는 장난감입니다. 아이가 자신의 생각을 자유롭게 표현하면서 다른 것에 신경을 빼앗기지 않도록 합니다. 아이가 집중해서 만들고 있을 때 부모가 하는 칭찬은 놀이에 흥미를 잃지 않고 계속 집중할 수 있는데 큰 도움이 됩니다.

병원 놀이는 아픈 사람을 치료하는 역할 놀이로 아이는 배려심과 진지함을 배웁니다.

♥ 만 3~4세
봉제 동물인형, 살림살이 장난감을 추천합니다. 아이가 인형의 부분부분을 생각한 대로 움직여봅니다. 아이의 생각을 동물 인형들이 대신 행동하도록 하면 아이 스스로 자신의 잘못된 행동을 깨달을 수 있습니다. 아이가 살림살이 장난감을 정리정돈하는 것을 잘 못한다면 부모가 정리해둔 그릇들과 음식들을 비교해가면서 놀이를 합니다.

♥ 만 4~5세
텐트, 천막집, 인형 옷 입히기를 추천합니다. 텐트 속은 자신만의 공간이라는 느낌으로 편안함과 안전함을 느끼게 해줍니다. 인형 옷 입히기는 인형의 옷을 입혔을 때와 그렇지 않은 때를 비교하면서 인형을 변화시킬 수 있는 자신의 능력에 자부심을 느낄 수 있도록 해주세요.

함이 덜해지는 것을 볼 수 있습니다. 게다가 아이는 자신의 활동으로 만들어지는 결과물들을 보며 성취감을 느끼고 자신감을 얻습니다.

손으로 조작을 한다는 것은 주의집중을 유도하는 활동입니다. 장난감을 가지고 노는 것 자체만으로도 주의집중력을 키우고 산만함이나 충동적 성향을 줄일 수 있습니다.

장난감 인형 꾸미기

아이가 생각하는 대로 인형을 꾸며보도록 합니다. 상상력을 동원해 집중할 수 있는 시간을 늘리고 동시에 활동적 성향을 발산시키는 놀이입니다. 인형을 꾸미며 즐겁게 놀 수 있습니다. 인형을 꾸미는 과정에서 차분한 행동을 유도해낼 수 있습니다.

"짜잔, 이제 할아버지 슈퍼맨이 되었어."

아픈 인형 돌보기

제한된 상황에서 아이의 활동성을 조절하는 놀이입니다. 인형은 아파서 움직이지 못하고 누워 있다고 설정합니다. 아이는 아픈 인형 앞에서 재미있게 웃거나 춤을 추는 대신 위로하고 걱정하는 말을 합니다. 친구나 보호자의 행동을 제삼자 시점에서 바라볼 수 있습니다.

"아프니 빨리 나아야 할 텐데."

"다 나으면 나랑 재미있게 놀자."

정의로운 장난감 인형 놀이

친구들을 대하듯 인형에게도 평소처럼 활동적으로 행동하도록 합니다. 아이는 자연스럽게 자신이 친구에게 하는 거친 행동이나 잘못된 행동을 가려낼 수 있습니다. 그리고 친구의 입장에서 불쾌하고 불편했던 행동을 어떻게 바꿔야 할지 고민하고 변한 모습을 보여줍니다.

"그런 행동은 좋지 않아."

"반칙하지 마."

놀이터 놀이

활동적인 아이는 자기 중심으로 생각하고 놀이에 심취해 함께 노는 친구를 잊고 행동하기도 합니다. 여럿이 함께 놀이기구를 타고 놀아야 하는 놀이터 놀이를 통해 참을성과 질서, 배려심을 배울 수 있습니다.

"줄을 서서 타야 해."

"나랑 같이 시소 타자."

"조심해서 타야 해! 떨어질 것 같아."

다양한 인형 놀이가 있지만, 아이들은 특히 사람이나 동물 모양의 장난감이나 인형과 더 잘 교감합니다. 형태, 감촉, 색깔, 모습 등이 아이의 관심을 끌고, 특히 정서적인 안정감을 주어 애착이 형성되지요. 아이 혼자서 하는 인형 놀이가 아니라 어른이 놀이 상황을 조금만 구조화해주면 교육 효과도 높습니다. 지금 아이가 장난감 인형을 어떻게 가지고 놀고 있는지 한번 살펴보세요.

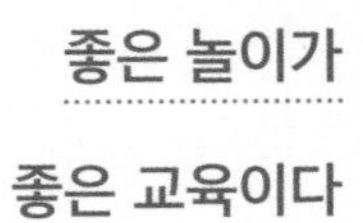

좋은 놀이가 좋은 교육이다

아이를 키우는 가정이라면 어느 집이나 장난감이나 인형이 있기 마련입니다. 지금 즐겨 가지고 노는 장난감은 눈에 잘 띄는 곳에 있을 테고, 그렇지 않은 장난감은 상자 깊은 곳에 있겠지요. 부모는 아이가 좋아하고 잘 노는 장난감을 선택해 샀을 겁니다. 또래 사이에 인기가 있어서, 교육용으로 괜찮아 보여서, 혹은 저렴해서 샀을 수도 있습니다. 이렇게 집에 있는 장난감과 인형은 단순히 놀이만이 아니라 아이의 정서와 성격, 사회성 발달에도 매우 중요한 역할을 합니다. 구체적으로 소개하면 다음과 같습니다.

- 아이의 기분이나 정서를 긍정적으로 발산하고 아이 스스로 자신의 다른 면을 발견하도록 이끄는 매개체가 됩니다.

- 아이가 할 수 없는 행동을 장난감 인형에 대입시켜 행동함으로써 대리만족을 경험합니다.
- 현실과 상상의 세계를 스스로 조절하여 창의적인 사고를 유도합니다.
- 장난감 놀이를 통해 감정 조절이 가능해집니다.
- 좋은 행동과 그렇지 않은 행동을 보여줌으로써 행동의 결과를 미리 보여줄 수 있습니다.
- 친구들과의 관계 형성에 도움이 되어 사회성 발달을 위한 도구로 활용할 수 있습니다.
- 인형과 대화를 하면서 언어 능력이 향상됩니다.
- 남을 배려하는 마음 등 정서 발달에 도움이 됩니다.
- 연습을 통한 간접 경험이 가능하여 장난감 인형에게 해본 말과 행동을 실제 친구에게 시도할 수 있습니다.
- 장난감과 인형을 자신을 이해해주는 소중한 친구로 느끼고 이들과 함께 지내는 집은 포근하고 아늑한 공간이라는 심리적 안정감을 갖습니다.
- 습관적 이탈 행동이나 불안감이 해소됩니다.
- 서열상 가정에서 꼴찌인 아이는 인형을 통해 언니나 형으로서의 느낌, 자신이 꼴찌가 아니라는 안도감을 느낍니다.

장난감과 인형 놀이는 아이에게 어떠한 역할이라도 가능하게 합니다. 따라서 아이는 자신이 해보지 못하던 역할을 마음껏 흉내 내고 시도할 수 있지요.

보통 남자아이는 자동차 로봇, 여자아이는 인형을 선호합니다. 실제 연구에서도 증명된 사실인데요, 8개월 미만의 남녀 아이에게 트럭과 인형을 보여주고 아이가 응시하는 시간을 관찰해보았습니다. 남자아이들이 트럭을 보는 시간과 여자아이들이 인형을 바라보는 시간에 유의미한 차이가 있었다고 합니다. 이런 관찰 실험에서도 태어나면서 기질적으로 남녀의 성향이 다르다는 것을 알 수 있습니다.

성장하면서 남자아이는 힘센 장난감을, 여자아이는 분홍색이나 안정감 있는 장난감, 예쁜 인형을 선호합니다. 부모의 양육 태도나 환경의 영향도 있지만, 남자아이는 아빠를 닮고 싶어 하고 여자아이는 엄마를 닮고 싶어 하는 마음도 영향을 미치기 때문입니다. 또 기질적으로 남자는 활동적이며 여자는 세심하고 대화할 수 있는 대상을 선호합니다.

아이들은 자신의 기질(성향)에 따라 장난감을 선택하고 놀이 활동을 하면서 성장합니다. 부모는 아이의 기질에 맞춰 즐겁게 놀 수 있도록 도울 수도 있지만, 성향을 보완하거나 바꾸어줄 필요도 있습니다. 물론 타고난 성향은 쉽게 변하지 않습니다. 하지만 아이의 기질에 따라 놀이 방법을 달리하면 실제 행동에서 변화된 모습을 볼 수 있습니다.

05
매번 못 하겠다고만 하고 자신감이 없어요

"만들기 할까? 이거 재미있겠지? 네가 한번 해볼래?"

"아니요. 싫어요. 난 잘 못해요."

의욕이 없고 자신감이 부족한 아이입니다. 재미있고 신기한 것을 보여주어도 흥미를 끌지 못합니다. 잠시 만지작거리다가 멈춰버리는 아이, 뭔가를 해보려는 의도가 보이지 않습니다. 부모는 답답한 마음에 같이 해보자며 아이를 달래도 보고, 오버액션도 취해보며 설득하지만 잠시뿐입니다.

활동량도 적고 의욕과 자신감이 부족한 이유는 뭘까요? 혹시 아이의 소심한 성격을 의욕이 없는 것으로 오해한 것은 아닌지요. 소심함과 의욕이 없는 것은 다릅니다. 소심함은 타고나는 성향이지만 의욕이 없는 것은 환경의 영향이 더 큽니다.

매사에 자신이 없고 뭔가 시도하기 싫어하는 태도는 부모가 아이가 원하는 것을 잘 들어주지 않는다거나 하지 못하게 막는 상황이 자주 있었기 때문일 수 있습니다. 이런 경험이 학습되면 의욕상실로 이어지고 실제로 성취감을 느낄 일이 별로 없다 보니 자신감도 떨어지는 것이죠. 또 부모가 학습의 양에 따라서만 아이를 평가하면 자신감이 떨어질 수 있습니다. 아이의 능력이나 성향, 요구보다 부모가 기대하는 학습량과 공부 수준으로 평가하는 경우입니다.

의욕이 없고 자신감이 부족한 아이에게는 열심히 한 과정 자체에 대한 피드백이 중요합니다. 아이이기 때문에 보상이나 성취감이 없으면 의욕을 잃습니다. 그리고 물리적인 환경도 영향을 미치지요. 대표적으로 계절의 영향입니다. 어른도 더운 여름에는 의욕이 저하되지요. 아이도 같습니다. 계절적 요인이 의욕 저하의 원인이 되기도 합니다.

부모가 키워주는 아이의 의욕과 자신감

우선 아이가 좋아하는 놀이, 음식, 공부, 장소 등을 찾아 적절히 배분합니다. 지금 하는 놀이나 학습이 아이의 발달 수준에 맞는지, 그 분량이 적당한지 확인해보세요. 그리고 정해진 시간에 규칙적으로 할 수 있는 놀이와 학습량으로 조절해주세요. 특히 학습은 '내적 동기', '성취감', '호기심'이 유발되도록 해야 하는데 여기에는 부모의 긍정적 피드백이 중요한 역할을 합니다.

- 규칙적인 생활을 만들어주세요. 생활 패턴을 맞추면 신체 리듬이 좋아져 활동량이 늘어납니다.
- 아이와 집에서 함께 율동을 하며 놀아주세요. 즐거운 에너지를 얻습니다.
- 아이가 좋아하는 운동이나 악기 같은 관심 분야를 찾아보세요. 아이는 자신이 좋아하는 활동을 할 때 의욕이 커집니다.
- 스킨십을 자주 해주세요. 아이에게 큰 보상이 됩니다.
- 작은 일에도 칭찬을 해주세요.

육아 관련 강의를 한 후 종종 "누가 모르나요. 근데 막상 아이와 씨름하다 보면 지키기가 어려워요. 어떻게 해야 하나요?"라는 질문을 받습니다.

많은 부모가 강의를 듣거나 육아책을 읽고 스트레스를 받는 듯합니다. 실천하려고 애는 쓰지만 뜻대로 잘 안 되어 자책도 합니다. 그런 분들에게 힘들게 생각하지 말라는 말씀을 드리고 싶습니다. 부모의 양육방식이 한 번에 바뀌는 것도 아이에게는 좋지 않습니다. 우선은 '그렇구나' 정도로만 이해하면 됩니다. 일단 머릿속에 입력이 되면 이후 비슷한 상황을 접할 때 조금씩 떠오를 겁니다. 그럴 때마다 한

번씩 시도하면 됩니다. 육아 관련 글을 찾아보는 부모라면 이미 노력을 하고 있는 중이고, 어느 정도는 변하고 있습니다.

칭찬과 격려로 자신감과 동기 부여하기

칭찬을 들으면 아이들은 좋아합니다. 아이가 무엇인가를 잘해냈을 때면 반드시 칭찬해주세요. 가장 쉽게 할 수 있는 칭찬은 말과 스킨십입니다. 아이가 실수나 잘못을 하면 꾸중보다는 다음에는 그러지 않을 수 있다는 자신감을 주는 격려가 더 효과적입니다. 안아주고 등을 토닥이며 칭찬해주세요. '꾸중'은 다음부터 그러지 말라는 부모의 '압력'입니다. '격려'는 다음에 더 잘할 수 있다는 부모의 '믿음'입니다.

같은 칭찬이라도 의욕을 더 상승시키고 자신감을 키우는 칭찬이 있습니다. 칭찬을 할 때 아이의 행동에 관해 구체적으로 하는 것입니다. 같은 행동이라도 마음먹기에 따라 고치기가 쉬워집니다. 아이의 의욕을 높이고 자신감을 키워주고 싶다면 칭찬과 격려로 동기부여를 해주세요.

신발 정리

"신발 정리를 했구나. 아이고 착해라. 이쁜 내 아들!"보다는 "엄마가 바빴는데, 신발 정리 해줘서 고마워, 엄마 힘이 나!"처럼 행동 결과를 칭찬합니다.

아이의 자신감을 꺾는 대화와 자신감을 키우는 대화

♥ 자신감을 꺾는 대화

"색연필이 이렇게 선을 나가면 안 이뻐."

"색칠할 때는 다른 것 신경 쓰지 마. 집중 좀 해봐."

"이렇게 그릴 거면 다른 종이에 하지, 이게 얼마짜린데."

♥ 자신감을 키우는 대화

"그리다 보면 선이 나갈 수도 있어."

"엄마(나)도 어릴 때 그랬어. 하지만 방법을 알아냈지."

"어떻게요?"

"선 근처를 칠할 때는 선을 따라 조금 천천히 색칠하는 거야. 이렇게."

그림을 칠할 때

그려진 선에 따라 색을 칠하는 그림책이 있습니다. 색연필로 선을 따라가며 아이가 좋아하는 색으로 칠하는 책입니다. 꼼꼼하게 칠하는 아이도 있고, 대충 쓱쓱 면을 채우는 아이도 있습니다.

색연필을 쥐는 힘에 따라 조밀하게 칠할 수도 있지만 아직 손에 쥐는 힘이 약한 아이는 뜻대로 선에 맞춰 색칠하기가 어렵습니다. 그런데도 선 밖으로 색연필 선이 삐뚤빼뚤 삐져나갔다고 아이를 탓하는 부모가 있습니다. 부모 마음이야 아이가 무엇이든 잘하는 게 좋겠지만, 그렇다고 아이에게 단정 지어 잘하고 못하고를 습관처럼 말하면 아이는 자신감을 잃습니다.

장난감 치우기

"이렇게 어지럽히면 언제 이걸 다 치워!", "이거 다 안 치우면 놀이터 가는 거 취소야!"처럼 협박이나 짜증은 그렇지 않아도 자신감이 없는 아이를 더욱 위축시킵니다.

"좋아. 이렇게 하나씩 치워나가면 금방 하겠다. 파이팅!", "미끄럼틀이 우릴 기다리고 있으니 어서 치우고 나가 놀자!"처럼 아이가 즐겁게 마무리할 수 있도록 동기를 부여합니다. 속도가 느려지거나 다른 것에 관심을 가지면 계속 집중할 수 있도록 곁에서 잠깐씩만 도와줍니다.

아이의 자신감을 키우는 부모의 언어

평소에는 대화가 잘 되는데 아이와 어떤 문제가 생겨 갈등이 생기면 대화 패턴이 달라지는 부모가 있습니다. 강압, 지시, 협박, 화 등을 말 속에 그대로 표현하지요. 갈등이 발생했을 때는 쉽지 않겠지만, 화를 내지 않는 것이 제일 중요합니다. 자신감이 낮은 아이에게 화를 내는 것은 아이를 더 의기소침하게 만들 수 있습니다. 감정적으로 참기 어려운 상태라면 운전 중에 빨강 신호등이 켜졌다고 생각하고 잠시 멈춤을 하세요.

아이를 키우다 보면 유달리 더 울고 보채며 고집을 피우는 날이 있습니다. 처음에는 참을성 있게 달래다가도 아이가 멈추지 않으면 자신도 모르게 화가 나지요. 그럴 때 "얘가 왜 이래!"라고 짜증이 난 목소리로 말하게 됩니다. 하지만 잠시 감정을 내려놓고 아이와 눈을 맞추고 "이거 갖고 싶구나, 어떻게 하면 될까?"라고 말한다면 아이의 행동은 금세 달라질 겁니다. 자신을 이해한다는 것만으로도 아이는 보상을 받은 기분이 들기 때문입니다. 물론 그렇다고 아이가 원하는 대로 끌려가서는 안 됩니다. 적절한 단호함을 보여주고, 해결 방법을 찾아 아이에게 제안해야 합니다. '왜'보다는 '어떻게 하면 될지'에 대화의 초점을 맞춘다면 어려운 일만도 아닙니다.

어린이집이나 유치원에서 선생님이 무언가를 하라고 하는데 아이가 가만히 있을 때가 있습니다. 선생님 앞에서 민망한 나머지 "너 선생님 말씀 들어야 해!", "넌 안 하는 이유가 대체 뭐야?"라며 아이를 질책하는 부모가 있습니다. 심정적으로 이해는 가지만 부모로서 좋은 태도는 아닙니다. 그럴 때는 "무슨 일 있었니? 선생님이 시킬 때 안 하고 있으니 엄마가 걱정이 돼"라고 이유를 물어봐 주세요. 여기서 대화의 초점은 주체가 아이(너)가 아닌 엄마(나)로 말한다는 겁니다. '너(아이)'는 비난의 시작이 됩니다. 아이는 비난받는 느낌이 들지요. 하지만 '엄마(나)'를 중심으로 이야기를 하면 아이는 자신의 행동이 어떤 결과를 만드는지 생각하게 됩니다.

아이는 강압이나 압력을 받으면 위축되고 반항하는 마음이 생겨 오히려 더 떼를 쓰기도 합니다. 자연스럽게 아이 스스로 생각하고 결정할 수 있도록 시간적인 여유를 주세요.

06
무섭다며 화장실에 혼자 못 가요

"잠자리에 들 때 무섭다고 무조건 옆에 있어 달라고 해요."
"화장실도 혼자 못 가고, 문밖에서 무슨 소리가 난다며 무서워해요."
"얼마 전 아이가 '무서워 병'이 들었어요. 모든 게 무섭다는 아이 때문에 걱정이에요."

언제까지 이럴까요? 매일 다니는 화장실이 진짜 무서운 걸까요? 아이는 어떤 구체적인 상황이나 물건 등이 진짜 무서울 수 있습니다.

무섭다고 하면 부모가 잘 받아준 경험이 있을 겁니다. 가끔은 부모가 볼 때는 무서운 일이 아니라 아이한테 "이건 무서운 게 아니야", 혹은 "거짓말하지 마!"처럼 대꾸하기도 합니다. 하지만 이런 대답은 아이에게 전혀 도움이 되지 않습니다.

아이가 무섭다고 이야기를 하는 것은 자신의 마음을 읽어달라는 의도가 숨어 있습니다. 혼자 있기 싫다는 표현 중 하나이기도 합니다. 그리고 정말로 무서워서 그런 경우도 있습니다.

아이가 무섭다고 하는 말이 그냥 하는 말인지, 진짜 무서워서 그런지를 구분하려면 먼저 구체적으로 무엇이 무서운지를 아이에게 물어보고 확인해야 합니다. 아이의 생각을 듣고 이해하는 태도를 보여주고, 아이와 함께 그 무서움을 보러 가봅니다. 이때 무섭다고 한 것을 무시하거나 그걸 왜 무서워하느냐면서 혼내면 안 됩니다. 무서움이나 두려움이 심하면 심리상담을 받아보아야 합니다.

정말 무서운 것이 아니라 '무서운 것 같다', '무서운 느낌이다'라면 어떻게 할까요? 아이가 무섭다고 하는 대상을 의인화해 아이 앞에서 대화를 하며 무섭지 않다는 것을 확인시켜줍니다.

부모 "안녕! 변기야~!"

변기 "안녕"

부모 "○○이가 무섭다고 해서, 같이 왔어."

변기 "내가 무섭다고?"

아이 "응 ~! "

부모 "네가 안 무섭다는 걸 알려주려고 같이 왔지."

깜깜한 상황이 무서운 아이

무섭다는 말을 하면 부모가 따뜻하게 대해주기 때문에 일부러 자주 말하는 아이도 있습니다. “화장실에 혼자 가기 싫어! 데려다줘!”와 같은 표현이지요.

하지만 어두운 상황이 무섭다거나 혼자 있는 게 두려운 경우라면 문제는 달라집니다. 화장실에서 문을 열고 볼일을 보는 동안 곁에 있어 줍니다. 그러는 사이 화장실의 용도는 무엇인지 어떻게 이용하는지 방법을 설명합니다. 스스로 불을 켤 수 있도록 스위치 아래 받침대나 작은 의자를 준비해 둡니다. 부모는 처음에는 화장실 앞까지 갔다가 조금씩 덜 따라가 거리를 두고 바라만 보고 아이가 점차 익숙해졌다고 판단되면 부모가 안 볼 때 혼자 다녀오는 연습을 시킵니다. 위험하거나 무서운 상황이 아니라는 것을 자주 알려주고 스스로 경험함으로써 아이가 안전하다는 확신을 갖도록 도와주세요. 당장 아이가 무서움을 떨치게 하는 게 아니라 아이에게 안정감과 용기를 주고 칭찬하는 것이 첫 번째 목표가 되어야 합니다. 그리고 혼자 다녀오면 잊지 말고 칭찬을 합니다.

“이건 무서운 게 아니야.”

“지금까지 얘가 너를 무섭게 하거나 해친 적이 없었지? 한번 생각해보렴.”

“이제 형아(언니)가 다 되었구나, 축하해!”

미디어의 영상을 보고 무서움을 느낀 아이

상상력이 풍부한 시기에 있는 아이는 무서운 이야기를 실제 상황과 결합시켜 현실처럼 생각하고는 합니다. 폭력적인 장면이 나오는 TV 프로그램을 본 경우에도 무서워할 수 있습니다. 책에서 본 내용, 무서운 이야기를 전해 들은 경우에도 막연한 두려움을 가질 수 있습니다.

따라서 평소에 가급적 무서운 상황과 이야기 등을 들려주지 않는 것이 좋습니다. 아이를 놀라게 하거나 겁을 주는 말을 사소하게 여기고 재미로라도 하지 않아야 합니다. 혼자 있을 때 무엇인가 나타나 위협한다는 막연한 두려움을 갖지 않도록 해주어야 합니다. 시간이 흐르면 아이는 두려워하던 대상이 자신을 해치지 않는다는 것을 알게 되면서 차차 두려움도 덜해집니다.

07
혼자서는 못 놀고 같이 놀자고 매달려요

"혼자 놀기 싫어요. 같이 놀아줘요!"

"그냥 혼자 좀 놀면 안 될까?"

습관적으로 부모에게 놀아달라고 조르는 아이나 혼자서 못 노는 아이, 계속 엄마를 졸졸 따라다니며 매달리고 조르기를 반복하는 아이가 있습니다. 교육적인 측면에서 보면 아이를 혼자 놀게 두지 않는 게 맞습니다.

하지만 아이에게만 온종일 매달려 있을 수도 없고 지치기도 해서 "그냥 혼자 좀 놀아!"라고 말하게 되죠. 그러고 나면 아이에게 미안한 마음이 들고 부모로서 자책도 하게 됩니다. 이런 문제로 상담실을 찾아오는 부모님들이 있습니다. 한번은 다섯 살 된 여자아이를 둔 어머

니가 상담실에 찾아왔습니다.

"엄마와 함께 노는 것이 습관이 되어서인지 혼자 놀지를 못하고 늘 저에게 매달립니다. 무슨 놀이든 도통 혼자서는 하려고 하지 않고 놀고 싶으면 바로 저에게 달려와요. 저도 집안일이며 할 일들이 밀려 있는데…. 혼자서 노는 방법을 어떻게 알려줄 수 있을까요?"

아이와 놀아주려고 노력을 많이 한 엄마의 이야기입니다. 혼자 노는 것보다 부모와 함께 노는 것이 재미있다고 느끼게 된 아이죠. 물론 처음부터 같이 놀아주지 않았다면 아이는 엄마에게 놀아달라고 매달리지도 않았을 것입니다. 처음부터 놀이는 혼자 하는 것이라고 생각했을 테니까요.

혼자 하는 놀이와 부모와 함께 하는 놀이의 장단점은 무엇일까요? 물론 부모와 함께 하는 놀이와 아이 혼자서 하는 놀이를 단순 비교하기는 어렵습니다.

놀이는 혼자 하는 것이 아니라 함께 해야 더 재미있고 사회성을 기르는 데 도움이 됩니다. 특히 부모와 함께 하는 놀이는 다양한 경험이 가능합니다. 상황 예측이나 창의적 활동 등을 통해 인지 발달과 언어 발달이 촉진됩니다. 협동심과 남을 배려하는 마음도 배울 수 있지요.

하지만 늘 같이 놀 수 없는 것이 현실입니다. 의도적으로 혼자 놀게 아이를 방치하는 것이 아니라 상황에 따라서는 혼자서 놀 수 있도록 지지해주는 것이 현명합니다. 아이 스스로 할 수 있는 것들이 많아지고 스스로 하는 힘이 생기면 사고의 폭도 더욱 넓어집니다.

부모와의 놀이는 아이의 정서 발달에 꼭 필요합니다. 무엇보다도 애착 형성이 긍정적으로 이루어져 정서 안정에 도움이 됩니다. 그래서 반드시 해야 합니다. 하지만 양육자가 해야 할 일이 있을 때, 급한 일이 있을 때, 쉬고 싶을 때, 힘들 때 등 어려움이 따릅니다. 물론 부모와 같이 있을 때 즐겁고 안정감을 느끼지만, 부모가 옆에 함께 있지 않다고 아이가 힘들어하는 것만은 아닙니다. 아이가 스스로 무언가를 해낸다는 성취감을 느낄 수 있으면 혼자 놀아도 괜찮습니다. 또래와 놀이를 하면서 배려와 양보를 배운다면, 자신만의 놀이를 통해서는 집중력과 창의성, 독립심을 키울 수 있습니다.

아이들은 놀면서 성장합니다. 아이 혼자서 놀 수 있는 몇 가지 방법을 소개하겠습니다. 아이의 성향을 잘 관찰한 후 아이에게 맞는 방법을 선택해주세요.

부모와의 애착 형성하기

먼저 '혼자 놀이'와 '방임'을 잘 구분해야 합니다. 그냥 혼자 놀게 두는 것과 함께 놀던 상황에서 부모가 자연스럽게 빠져나오는 것은 다릅니다. 혼자 놀기 위해서는 기본적으로 아이와 부모 간에 '안정적 애착'이 형성되어 있어야 합니다. 이는 심리적으로 안정이 된 상태에서 가능한 활동이라는 의미입니다.

예를 들어 아이가 놀고 있을 때 부모가 갑자기 사라져서 놀란 경험을 한 아이가 있었습니다. 그런 일이 있고 난 뒤로는 놀이에 완전히 집중하지 못하고 부모가 갑자기 사라지지는 않을까 걱정이 되어 부모가 있는지 자주 확인을 합니다. 아이에게는 부모가 곁에 없으면, 맛있는 음식도, 흥미로운 장난감도 아무런 의미가 없습니다.

아이의 마음 읽기

"음식물 쓰레기를 혼자서 버리러 가봤으면…."

껌딱지처럼 늘 붙어 있으려는 아이를 둔 엄마의 하소연입니다. 이런 경우 부모는 "너무 달라붙어서 좀 떼놓고 싶어요!"라고 말하곤 합니다. 안타깝지만 실제로 아이를 밀쳐내는 부모도 볼 수 있습니다.

하지만 이 방법은 부모와 아이 모두에게 좋은 방법이 아닙니다. 아이를 떼놓고 싶다고 밀쳐내면 아이는 더 심하게 매달리고 웁니다. 그래도 부모는 강하게 밀쳐내지요. 이런 상황이 자주 반복되면 아이는 어느 순간 울기를 포기합니다. 거절을 자주 당하면 이후에 시도하려 들지 않지요. 부모는 나아졌다고 생각할 수 있지만, 아이는 체념하고 더는 부모를 찾지 않게 됩니다. 부모에게 무관심해지고 부모가 다가

가도 마음의 문을 닫아버리는 상황이 됩니다.

늘 붙어 있으려고 하는 아이는, 아이가 떨어지고 싶을 만큼 부모가 안아주고 옆에 있어 주어야 합니다. 그러면 자연스럽게 아이 스스로 부모에게 매달리는 정도가 줄어듭니다. 놀이도 마찬가지입니다. 부모가 함께 충분히 놀아준 후에야 아이 혼자 노는 것이 가능해집니다.

아이의 모방심리를 활용한 놀이

아이는 자신이 부모와 언제라도 같이 놀 수 있다는 믿음이 생기면, 자연스럽게 혼자 놉니다. 부모의 생각을 가르치기보다 아이가 스스로 할 수 있도록 기다려주고 격려와 지지를 해줍니다.

아이의 모방심리를 이용해서 놀이를 할 수 있습니다. '혼자 놀고 있지만 같이 놀고 있다'라는 느낌이 들도록 하는 것입니다. 엄마가 청소를 할 때 아이도 같이 청소를 합니다. 설거지를 한다면 아이도 설거지를 하는 놀이를 합니다. 음식을 만들 때면 아이도 음식을 만들고요. 아이의 눈높이에 맞게 놀이를 구성하면 됩니다.

함께 놀이에서 분화

같이 놀 때 작은 목표를 정하고 제목을 붙여주세요. 예를 들어 점토로 음식을 만들 때 '포도알 만들기', '노란 국수 만들기'처럼 이름을 붙이고 놀이를 합니다. 이후에 아이 혼자 놀이가 필요한 경우 부모는 "노란 국수를 먹고 싶다"고 말하고, 아이에게 반찬 두 가지를 만들어 줄 수 있는지 물어봅니다.

기억 과정과 창작 과정을 함께 거치는 놀이입니다. 아이는 부모의 요구 사항에 반응하면서 혼자 해냈다는 성취감을 느낍니다. 함께 놀이를 할 때는 아이의 생각을 들어주고 아이가 만드는 시간 동안 기다려주세요. 아이 스스로 할 수 있도록 해야 합니다. 그런 다음 지지와 격려를 한껏 해주세요. 아이가 혼자서도 할 수 있다는 자신감을 가지도록 반복해주세요.

아이의 놀이에 반응하기

아이가 혼자서 잘 못 노는 원인 중에는 '과잉보호'도 있습니다. 부모가 매사에 아이에게 필요한 것을 먼저 찾아서 해주다 보면 아이는 부모에게 의존하게 되고 함께 해야만 한다는 생각을 하게 됩니다.

조금만 위험해도 제약을 하고, 부모가 허락한 때만 허락한 곳에서 놀게 하면, 아이는 독립적으로 놀 수 없다고 생각합니다. 언제나 부모가 옆에 있는 곳에서만 안정감을 느끼고 놀이를 합니다. 부모가 선택해준 장난감을 가지고 부모가 원하는 방식으로 놀게 되지요.

필요한 것을 아이 스스로 표현하고 직접 시도해봄으로써 혼자 할 수 있는 힘을 키울 수 있게, 지나친 보호는 자제해주세요.

아이 스스로 목표를 정하고 놀도록 지도하기

아이가 엄마와 함께 놀자고 할 때 "네가 알아서 혼자 좀 놀아봐"라고 말하기보다 엄마 대신 엄마의 역할을 할 수 있는 놀이 재료를 찾아줍니다. 예를 들어 아이가 엄마와 손톱에 매니큐어를 바르며 놀고 싶다고 하면 큰 도화지에 엄마 손과 발을 그려놓고 바르게 합니다.

또 놀이에 목표를 정해주고 아이가 집중할 수 있도록 하는 것도 좋은 방법입니다. 블록으로 성을 만든다면 예쁜 성 사진 한 장을 보여주고 아이가 만들고 싶은 성은 사진 속 성보다 어떤 점이 더 멋질지 물어보고 그런 성을 쌓는 목표를 줍니다. 아이는 엄마에게 소개한 자신의 성을 만드는 데 집중합니다.

08
고집불통이라 친구들과 잘 못 놀아요

타고난 성향은 가르치고 설명해도 쉽게 변하지 않습니다. 아무리 말해도 똑같죠. 답답해서 꾸중했는데 소용이 없습니다. 꾸중은 오히려 역효과만 납니다. 아이들은 같은 상황이 반복되면 눈치 보면서 똑같은 행동을 하거든요.

평소에는 쳐다보지도 않던 장난감인데도 친구가 집에 놀러 와 그 장난감에 관심을 보이고 만지려고 하면 갑자기 가지고 놀기 시작합니다. 마트에서 장난감 가게를 지나칠 때면 실랑이를 벌입니다. 동네 슈퍼에 아이를 데리고 가면 아이스크림을 사달라고 조릅니다.

이렇게 행동하는 이유는 뭘까요? 아이의 진짜 속마음이 궁금합니다. 어떻게 하면 아이의 행동을 바꿀 수 있을까요? 아이의 행동을 변화시킬 수 있는 가정 놀이로는 어떤 것이 있을까요?

아이들이 이러한 성향을 보이는 데는 공통점이 있습니다. 아이나 어른이나 마찬가지인데요. 바로 '시각적 자극'에 따라 행동한다는 점입니다. 아이들에게는 어른이 상상하는 것보다 눈앞에 보이는 것이 더 강한 자극이 됩니다. 게다가 아이들은 시간의 전후 맥락이나 앞으로 일어날 일을 예측하지 못합니다.

아이의 행동 변화를 위해서는 연관된 상황 속에서 교육을 하는 것이 제일 효과적입니다. 예컨대 씻을 때 이 닦는 법을 알려주고, 밥 먹을 때 식습관을 알려주는 것이죠.

그런데 부모와 떨어져 있을 때 나타나는 행동들은 그 즉시 교육하기가 어렵습니다. 어린이집 알림장에 친구들에게 나쁜 말을 쓰거나, 친구가 가까이 오면 밀친다는 선생님 메모가 적혀 올 때가 있습니다. 가정에서 잘 가르쳤다고 생각했는데, 어린이집에서 아이가 하는 행동을 보면 그렇지 않습니다. 어떻게 해야 할까요? 왜 아이는 자기 고집만 부리고 친구들과 잘 지내지 못하는 걸까요?

그 상황에 대해서 아이에게 질문하고 설명을 하는 것 외에 뭘 더 해야 할지 몰라 당황하는 부모가 있습니다. 결정적으로 아무리 이야기해도 그때뿐이라 좀처럼 아이가 달라지지 않아 고민스럽습니다. 상담하면서 정말 많이 본 사례입니다. 말보다 좀 더 아이가 느끼고 생각하게 만드는 방법이 있습니다.

역할 놀이와 인형극 놀이를 통한 교육

상황을 설정하고 적절한 역할 놀이와 인형 놀이를 더해 교육하는 방법입니다. 아이와 부모가 직접 주인공이 되어도 좋습니다. 동물 인형으로 해도 좋습니다.

아이들은 역할 놀이를 하면서 직접 보는 상황, 3인칭 관찰자 시점으로 역할극 놀이 속에 등장하는 캐릭터들의 행동을 관찰하고 생각하게 됩니다.

호랑이가 토끼를 괴롭히는 상황 역할 놀이

토끼 인형과 호랑이 인형을 준비하고 다음 상황을 연출해 인형극을 합니다. 아이에게 3인칭 시점으로 역할 놀이 상황을 설명합니다.

- 호랑이가 토끼를 괴롭힙니다.
- 토끼는 속상해서 혼자 웁니다.
- 토끼는 집에 가서 엄마 토끼에게 이야기를 합니다.
- 가족들이 아기 토끼를 위로합니다.
- 하지만 호랑이는 신나게 놀고 있습니다.

아이가 무엇을 느끼고 무슨 생각을 했는지 물어보며 이야기를 이끌어나갑니다.

- 끝난 뒤 토끼의 마음을 이야기합니다.
- 토끼에게 하고 싶은 말을 하도록 합니다.
- 호랑이의 행동에 관해 이야기합니다.
- 아이의 주변 상황을 대입시켜 이야기합니다.

아이들은 주변의 단편적인 모습밖에 보지 못합니다. 다음에 벌어질 상황 예측과 남의 감정을 읽어내는 힘이 부족합니다. 그래서 일련의 상황을 모두 볼 수 있는 내용이 필요합니다. 말로 설명하는 것보다 직접 보고 체험하면 좀 더 효과적으로 생각의 변화를 일으킬 수 있습니다. 특히 본인과 관계되어 있는 경우나 자주 보던 상황이면 감정이입이 더 잘 되지요. 고집불통의 아이도 달라질 수 있습니다.

09
어린이집에서 친구를 자주 때려요

어린이집에서 다른 친구를 때렸다고 이야기를 들으면 이 일을 어떻게 해야 할지 걱정스럽습니다. 상대방 아이에 대해서도 물어보게 됩니다. 부모는 아이의 기질을 알고 있습니다. 공격적인 성격의 아이를 둔 부모는 놀면서 다른 친구를 때릴까 걱정되기도 하고, 순한 친구에게 혹여 마음의 상처를 줄까 염려가 됩니다.

아이는 4세 즈음에 공격성이 강해집니다. 남자아이가 여자아이보다 두세 배 정도 공격적 성향을 보입니다.

때리는 아이는 자신보다 만만한 상대를 골라서 때리는 경우가 많습니다. 대상이나 장소와 관계없이 마구잡이로 공격하는 아이가 아니라면 주로 자기를 괴롭히는 친구를 때립니다. 그리고 때렸을 때 피드백이 오는 친구들을 공격하는 편입니다. 상대의 반응이 즉각 확인

되기 때문에 그렇습니다.

누군가를 때리는 행동은 다른 사람을 괴롭히기 위해서가 아니라 어쩌면 아이가 자신의 감정을 표현하는 게 서투르거나 다른 사람의 마음이 어떤지 생각하지 못해서 나오는 실수일 수 있습니다.

또래 아이 중에서도 힘도 더 세고 활동성이 더 큰 아이가 있습니다. 그래서 행동도 좀 거칠어 보이죠. 이런 아이는 공간을 제한하고 그 안에서 에너지를 발산하는 놀이를 권합니다. 아이의 기질을 누르는 것이 최선의 방법이 아니라 장소와 상황에 따라 가려서 행동할 수 있도록 교육하는 것이 우선되어야 합니다.

대화로 아이의 심리 이해하기

친구나 애완동물을 때리는 등 폭력성이 강하다면 아이도 주변 친구도 위험하므로 바로 상담에 들어가야 합니다. 집에서는 생각하는 의자, 생각하는 방석, 강하게 안고 있기와 같은 방법을 사용할 수 있습니다.

아이가 폭력적인 행동을 한다면 다음에 소개하는 방법을 하나씩 진행해보길 권합니다. 아이가 잘할 때마다 칭찬을 하면 아이의 행동은 더 빨리 달라질 수 있습니다.

- 안전한 곳에서 공 굴리기, 공 던지기 (목표 정하기)

- 곰 인형과 레슬링 (시간 정하기)
- 난타처럼 소리 나는 물건을 두드리는 놀이 (개수 정하기)
- 운동 (에너지 발산 집중 유도하기)

강하게 혼을 내고 강압적으로 행동을 제재할 경우 부모의 말을 듣는 아이도 있지만, 반대로 듣지 않는 경우에는 폭력성이 더 커질 수도 있습니다. 부모에게도 화를 내고 덤비는 일도 있습니다. 강압적으로 밀어붙이기보다 다른 사람의 기분을 배려하는 마음과 이해심, 자제심을 배울 수 있는 놀이를 권합니다.

- 아이의 기분이 어떤지 먼저 들어주고 무엇 때문에 친구를 때렸는지 질문을 합니다.
- 감정을 싣고 심하게 혼을 내는 것은 자제합니다.
- 단호하고 명확한 어투로 부모의 의지를 전달합니다.
- 아이의 행동에 관해서만 이야기합니다.

인형 놀이

호랑이와 토끼 놀이 역할극을 추천합니다. 폭력을 행사하는 호랑이와 맞고 있는 토끼를 보면서 잘한 점과 그렇지 못한 점을 정확하게 구분시켜 알려줍니다. 상황을 주고 "호랑이가 토끼를 괴롭힌대, 토끼

기분은 어떨까?", "집에 가서 뭐라고 말을 할까?" 등의 질문을 던진 후 아이 스스로 폭력이 일어나는 상황에서 토끼의 기분이 어떨지 생각해보게 합니다.

나눠주기 놀이

무언가를 나누는 놀이는 상대를 인정하는 마음을 배우는 놀이입니다. 블록 놀이를 하며 혼자서만 모든 걸 가지고 놀기보다는 장난감을 나누면서 친구와 함께 놀 수 있다는 점을 배웁니다.

"블록을 반씩 나누어서 집을 만들어볼까?"

"친구는 블록이 없어서 집을 다 못 만드네! 어떤 것을 나눠줄까?"

이때 아이가 친구에게 블록을 나눠주면 꼭 칭찬을 해주세요. 친구에게 필요한 것을 건네주며 함께 즐겁게 노는 과정에서 사회성이 발달합니다.

폭력성에 노출하지 않기

아동기는 모방하는 시기입니다. 아이는 자신이 본 모습, 경험한 부분을 가장 많이 따라 합니다. 평소 생활에서 폭력적인 장면에 노출되지 않도록 부모가 신경을 써야 합니다. 아이 앞에서 거친 말투나 행동도 삼가야 합니다. 폭력성이 있는 프로그램이나 게임, 책 등도 피하는 게 좋습니다. 남자아이라고 해서 총칼 놀이나 전쟁 놀이 중심으로 하는 부모가 있는데 그것도 좋지 않습니다. 장난친다고 자주 툭툭 때리면서 노는 것도 공격적 성향에 영향을 미칩니다. 아이는 습관처럼 누군가를 의미 없이 툭툭 치거나 때리는 게 자연스러운 행동이라고 생각할 수도 있습니다. 집에서 가족끼리야 이해가 가능하지만, 다른 아이들에겐 폭력이 될 수도 있습니다.

언어로 협상하는 방법 알려주기

어떤 아이는 자신이 원하는 것을 얻기 위해 힘을 쓸 때가 있습니다. 말로 어떻게 표현해야 할지 잘 몰라서 힘부터 쓰고 보는 경우지요. 대화를 어떻게 시작해야 할지 몰라서 그럴 수 있습니다. 이런 아이에게는 말로 원만하게 자신의 감정을 표현하는 방법을 배울 수 있는 놀이와 대화가 도움이 됩니다.

"친구 장난감을 갖고 놀고 싶을 때는 어떻게 말하면 좋을까?"

여러 상황을 제시하고 상황에 맞는 대화법을 연습하면 힘이 아니라 말로 자연스럽게 문제를 해결할 수 있습니다.

칭찬하기

부모가 지속해서 지적하고 꾸중하면 행동이 고쳐질 수도 있지만,

그 결과가 만족스럽지 못할 때도 있습니다. 예컨대 아이가 주눅 든 행동을 보이거나, 반대로 반항적이고 더 폭력적인 행동을 할 수도 있습니다. 부모의 눈을 피해 지능적으로 폭력을 행사하거나 거친 언어와 같이 다른 행동을 하는 풍선효과가 생길 수도 있습니다.

폭력적인 행동이 나올 때 고치려고 꾸중하기보다는 평소에 잘 참고 화를 내지 않고 친구와 잘 놀았을 때 "친구들과 사이좋게 놀아서 우리 ○○이(가) 기분이 좋구나." 하고 칭찬을 하는 것이 더 큰 효과를 냅니다.

10
형, 누나를 무조건 이기려고 해요

"이제 다섯 살인 아들이 아홉 살인 누나와의 서열에서 이기려고 해요. 누나가 먹거나 노는 것을 보면 무조건 자신이 해야 합니다. 혼내거나 타이르고 때로 매도 들지만 올바른 훈육은 아닌 것 같아요. 어떻게 해야 아이들이 싸우지 않고 지낼 수 있을까요?"

어릴 때는 꼼짝도 못 했는데 커가면서 자꾸 형이나 누나를 이기려고 드는 아이가 있습니다. 무엇이든 자신이 이겨야 직성이 풀리지요. 큰아이는 덩치도 동생보다 더 크고 힘도 세지만 동생이 막무가내로 덤비면 어떻게 해야 할지 몰라 합니다. 억울하고 답답해 스트레스가 쌓여갑니다.

형제 관계에서 이와 비슷한 어려움을 토로하는 부모가 생각보다 많습니다. 타일러도 보고 야단도 쳐보지만 기대한 만큼 변하지 않아 걱정이 되지요. 아이가 잘 알아들었다고 생각이 되는데도 비슷한 상황이 되면 완전히 잊고 같은 행동을 반복합니다. 왜 그럴까요? 아이의 생각을 읽어내기보다는 하지 말아야 할 행동에 관해서만 설명했기 때문입니다.

부모가 꼭 알아야 할 아이의 속마음이 있습니다. '열등감'입니다. 동생들이 형제 관계에서 갖는 가장 대표적인 어려움이 바로 '열등감'입니다. 사실 첫째와 둘째 모두 열등감을 가지고 있습니다. 다만 대상이 다를 뿐입니다. 첫째아이는 부모에게 열등감을 가지고 있습니다. 둘째들은 형, 누나에 대해 열등감을 느끼고요.

첫째가 가지는 열등감의 대상인 부모는 자신을 돌봐주고, 겉보기에도 확연히 자신보다 크고 강한 존재이기 때문에 열등감을 느껴도 그냥 받아들입니다. 그리고 자기보다 작고 능력이 떨어지는 동생을 보면서 위안을 얻습니다. 열등감을 극복할 대상이 있는 것이지요.

둘째는 형제와의 관계에서 열등감을 느낍니다. 터울이 적다면 열등감은 더 커집니다. 이를 만회하기 위해서 둘째는 경쟁적으로 변하게 됩니다. 또 주위 사람들이 손위 형제와 비교를 하는 말을 들으면 좌절감을 느낍니다. 동생은 떼를 쓰거나 우기거나 고집을 피우면서라도 인정을 받아 열등감을 극복하려고 합니다. 가정에서는 자연스럽게 형, 누나, 언니, 오빠가 경쟁 상대가 됩니다.

일상에서 서열 정리하기

꾸중을 해도 별다른 변화가 없고 그때뿐입니다. 일상생활 속에서 변화를 모색해야 합니다. 간식 시간에 먹을 것을 큰아이한테 주고 큰애가 작은애한테 나누어주도록 합니다. 서열을 세우기 위해서 사용하는 방법입니다. 큰아이와 작은아이에게 무엇인가를 나누어줄 때 부모가 직접 주지 말고 큰아이를 시키는 것입니다.

"네가 동생에게 나누어주렴."

부모의 지시가 있는 상황에서는 큰아이가 자신감을 가지고 행동하게 되며 동생도 큰아이를 부모의 말을 대변하는 존재로 받아들입니다. 그리고 서로 간에 경쟁적 놀이는 피하고 가족 모두가 힘을 합쳐 성취할 수 있는 놀이를 합니다. 형제자매 간의 대결구도를 줄입니다. 같이 힘을 합쳐 할 수 있는 놀이로 우애와 협동심을 키워주세요.

블록을 만들 때

"너희 중 누가 누가 더 멋진 성을 만들까?"처럼 경쟁을 유도하는 말보다는 "너희가 만든 성이 이 사진의 성보다 더 멋지게 될까?" 혹은 "두 개를 만들어서 연결하면 더 멋진 성이 될 것 같은데!"가 좋습니다.

풍선 치기 놀이를 할 때

형제끼리 대결을 하기보다는 아빠와 아이로 나누는 대결구도가 좋습니다.

"너희가 힘을 합쳐 아빠를 이겨보렴!"

놀이를 할 때 어느 한 아이를 편애하지 않도록 합니다. 그런 의미의 말도 하지 않도록 주의합니다. 아이들의 경쟁심을 살펴보면, 서로 간의 문제인 듯 보이지만 경쟁을 하는 진짜 이유는 자신이 중요하고 사랑받는 존재인가를 확인하려는 마음이 깔려 있습니다.

부모의 사소한 말과 행동이 아이들의 열등감을 커지게 할 수 있습니다. 모두 특별하고, 소중하고, 사랑받는 존재라는 걸 느끼면 아이들 간에 소모적인 경쟁은 저절로 사라집니다.

고마움을 표현하는 시간 갖기

자기 위치의 장점을 파악할 수 있는 시간을 제공합니다. 큰아이는 나이를 더 먹은 만큼의 특권과 책임을 져야 하며, 동생은 어리기 때문에 지도를 받아야 하는 동시에 그만큼의 면책도 있는 것입니다. 잠자리에 들어서 분위기를 자연스럽게 만들어봅니다. 서로에게 고마움을 표현하는 시간을 가져봅니다.

'우애'란 즐거운 일을 함께 하고, 힘든 일을 극복하면서 생기는 감정입니다. 부모가 아이들의 잘못된 점에 대해서 누가 잘못을 했는지

지적하고 그에 따른 처벌을 하면 서로를 미워하고, 부모에게 일러바치고 비난하는 행동을 보입니다. 결국 서로 자기주장만 하는 사이가 될 수 있습니다.

각자의 물건 구분하기

아이들끼리 다투지 않도록 각자의 물건을 정확하게 지정해 갈등이 생기지 않게 미연에 방지합니다. 소유물의 경계가 없는 경우 싸움의 발단이 되는 경우가 많습니다.

어른들의 생각으로는 공동으로 같이 사용하면 될 것 같지만 아이들은 공유의 개념이 명확하지 않습니다. 형이 내 것을 쓰면 빼앗긴 느낌이 들고 동생이 내 지갑을 보고 있으면 훔친다고 생각합니다. 서로 간의 물건을 지정해주고 필요한 경우에는 꼭 물어보고 만지도록 합니다.

아이들이 서로 간에 한 말이나 행동의 결과만 보고 시시비비를 가리기보다 서로를 배려하고 인정하는 환경을 마련해주세요.

11
친구랑 나눠 먹지 않아요

"친구랑 나눠 먹을까?"

"싫어요. 내 과자예요. 나만 먹어야 해!"

일반적으로 36개월 정도가 되면 아이는 자기의 것을 나눠준다는 의미를 압니다. 나눔의 개념이 생기기 이전에는 부모가 나눠주라고 시켜서 나눌 뿐입니다.

성격상 잘 나누는 아이도 있고, 시키니까 나눠주는 아이, 혹은 나누는 것을 싫어하는 아이 등 개인차가 있습니다.

"과자를 먹을 때 친구가 다가오면 과자를 입에 막 넣더니, 과자 봉지를 손에 꽉 쥐고 친구를 막아서는 거예요. 친구가 다가오거나 손을 대면 밀치거나 소리치며 울면서 과자봉지를 들고 아예 도망을 가기도 해요. '친구랑 나눠 먹자!'고 타이르지만 아이는 '싫어!' 하고 울어요. 우리 아이 사회성에 문제가 있는 것인가요? 걱정됩니다."

욕심이 있는 친구들은 36개월 이후에도 본인 것을 고집하기도 합니다. 어릴 적에는 눈앞에 보이는 것이 모두 본인의 것입니다. 이후 심리적으로 만족감을 얻기 위하여 입안 가득, 양손 가득 등등 '가득'이라는 개념을 가지는 시기가 있습니다. 이 시기가 지나면서 나눔의 개념을 이해하고 행동합니다. 물론 아이에 따라서는 어려서부터 부모의 요구에 잘 따르는 경우도 있습니다. 칭찬에 대한 전후 관계를 인지하여 본능적으로 행동하기보다 생각한 후 행동하는 방향으로 성장합니다. 그래서 타인에게 건네주고 칭찬을 즐기게 되지요.

나눔 교육이 사회성 발달에 주는 효과

사회생활을 잘하기 위해서는 관계를 맺고 이어가는 사회성 발달이 필요합니다. 그 가운데 나눔은 중요한 부분입니다. 흔히 말하는 욕심과는 반대의 개념이지요. 나눔을 잘하는 아이는 어른들에게 인정과 칭찬을 듣습니다. 칭찬을 들으면 아이는 정서적으로 안정되고 문제 행동도 줄어듭니다. 사고도 긍정적으로 변합니다.

나눔은 또래와 놀이를 할 때 상호작용합니다. 서로를 인지하고 피드백이 있는 놀이 개념이 발달합니다. 숨바꼭질과 같이 역할 분담이 필요한 놀이를 할 때는 규칙을 지키며 놀지요. 더불어 놀고 나눔에서 오는 기쁨, 만족감, 성취감은 사회성을 발달시켜 줍니다.

사회성 발달을 위한 나눔 교육의 시기

24개월은 친구들과 함께 놀이를 하여도 아이는 함께 논다는 개념을 잘 모릅니다. 36개월이 지나더라도 친구들과 같은 방에 있지만 같이 하는 놀이가 아닌 각자의 놀이를 하지요. 그러면서 서서히 주변을 인지하고 사회화된 놀이를 늘려갑니다.

어릴 적에는 상황에 맞추어 부모가 적절히 조절하고 구체적으로는 36개월 즈음부터 나눔 교육을 합니다. 부모와 둘이서 놀이를 할 때 주고받기, 음식 나누어주기, 바꾸기(교환하기), 선택하기, 요구하기, 지시 따르기를 칭찬과 함께 해주세요.

가정에서 나눔 교육하기

물건 함께 쓰기, 바꿔 쓰기

색연필로 그림 그리기를 합니다. 색연필 한 세트를 두 명이 공동으로 사용하며 친구가 쓰고 있는 색연필이 자기에게 필요한 색일 경우 친구가 다 쓸 때까지 기다려 보기, 반대로 기다리는 친구에게 자신이 쓴 색연필 건네주기를 해봅니다.

음식 나누어 먹기

부모가 아닌 서열이 높은 언니, 형이 간식을 나눠줍니다. 자연스럽게 서열 관계가 만들어지며 나눔의 개념을 익히게 됩니다. 동생 또한 언니의 행동을 보고 모방합니다.

블록 놀이를 할 때 필요한 부분 서로 교환하면서 놀기

각각 블록 몇 개씩을 주고 자신에게 필요한 블록을 교환할 수 있는 시간을 줍니다. 서로에게 필요하거나 필요하지 않은 블록을 교환하고, 서로의 블록을 모아 공동으로 무엇인가를 만들 수 있습니다.

완성된 블록을 합쳐 큰 집 완성하기

처음에는 각자의 블록으로 집을 만들게 합니다. 그리고 완성되면 두 명이 만든 것을 합쳐 더 큰 집으로 만들어봅니다. 서로 공유하고 협동하면 더 좋은 결과가 된다는 것을 배웁니다.

나눔 관련 그림책 보여주기

책 속의 이야기를 통해 나눔이 어떤 기쁨을 주는지 생각해봅니다.

나 아닌 다른 사람의 욕구를 인정하고 배려하는 마음을 배웁니다.

칭찬하기와 칭찬 듣기

아이가 나누어주면 고맙다는 인사를 하고 칭찬을 해줍니다. 아이는 자신의 나눔이 상대와 주변의 좋은 반응을 이끌어낸다는 것을 기억하게 되고, 나누는 것에 대해 긍정적인 생각을 하게 됩니다.

일상적 본보기

- 모금 활동에 아이가 직접 참여해 동전 넣기
- 아이의 이름으로 일정 금액 기부하고 보여주기
- 한 개의 우산을 같이 쓰기
- 옷, 책 등을 필요한 곳에 기부하기
- 종량제 봉투나 재활용품을 들고 부모 도와드리기
- 도움이 필요한 해외 친구 만들기
- 바자회와 나눔 활동에 동행하기
- 놀이터에서 친구들에게 사탕을 나눠주는 모습을 관찰하고 직접 해보기
- 가방 들어주기

12
말대꾸만 늘고 말을 듣지 않아요

"엄마가 하지 말라고 했잖아."

왜 자꾸 그러세요. 저도 다 컸거든요!"

아이를 키우다 보면 '미운 네 살, 때리고 싶은 일곱 살'이라는 말이 틀린 말은 아니라는 생각이 들 때가 옵니다. 고분고분하고 시키면 바로 행동으로 옮기던 착하고 순한 아이가 어느 날부터인가 말대꾸를 하기 시작합니다. 처음에는 그냥 그러려니 했는데, 시간이 지나면서 강도가 세지기 시작합니다. 부모의 말꼬리를 잡기도 하고, 시키면 못 들은 척 있다가 갑자기 짜증을 내기도 합니다. 그리고 문을 꽝 닫고 방으로 들어가버리는 거친 행동을 하기도 하고요.

4세는 자아가 성숙하고 스스로 하려는 성향이 강해지면서 엄마의 말에 반항을 보이는 시기입니다. 아이는 왕성한 호기심을 가지고 행동합니다. 이런 행동으로 자칫 위험한 일이 생길 수 있지요. 그래서 부모는 당연히 벌어질 일을 예상하고 "안 돼!", "그만! 뛰지 마!", "하지 마!", "가지 마!", "올라가지 마! 위험해!"라는 말로 강하게 아이의 행동을 제지하게 됩니다.

아이는 이런 말에 자신이 하려는 행동을 부모가 제지하리라는 것을 눈치챕니다. '내가 하고 싶어 하는 것은 엄마가 늘 막고 있어!', '엄마는 무엇이든 못하게 하는 사람이야!'라고 생각합니다. 결국 아이는 아무도 모르게 호기심을 해결하거나 엄마가 불러도 쳐다보지 않습니다. 들키면 못 할뿐더러 야단도 맞는다는 것이 학습되었기 때문이죠. 엄마는 늘 자신이 하려는 것을 못하게 했으니까요.

이런 행동이 7세가 되면 더욱 강하게 나타납니다. 가족과 친구의 중요성이 반반이 되거나 친구를 더 중요하게 여기기 시작하는 시기입니다. 아이는 자신이 이젠 다 컸다고 생각을 하지요. 속으로 '다 큰 나에게 왜 자꾸 지시하는 거야!'라고 생각합니다.

일관성 있는 부모인지 반성하기

먼저 부모로서 일관성 있는 태도로 아이를 대하고 있는지 돌아볼 필요가 있습니다. 아이에게 엄포를 놓은 적은 없는지, 놀고 난 장난감을 치우지 않으면 제일 좋아하는 장난감을 버리겠다고 해놓고서는 진짜 버려본 적은 있는지, 아이에게 이거 안 하면 놀이공원 못 간다고 말하고서는 그냥 간 적은 없었는지 생각해보세요.

이러한 일들이 반복된 경우 아이들은 '큰소리가 나오기 전에는 말을 듣지 않아도 된다!', '큰소리 전에는 안 들어도 별 탈이 없다!', '하지 않아도 그냥 넘어갈 수 있다!'는 믿음이 생깁니다. 부모는 겁만 주지 실제로는 그렇게 하지 않는다는 것을 알게 된 것이지요.

부모가 큰소리를 내면 짜증 나는 투로 대꾸하고 마지못해 하는데, 사실 그때뿐입니다. 짜증 투의 말이 습관화되어 갑니다. 앞뒤 맞지 않는 설명을 해대면서 엄마와 말다툼을 하고, 아이가 약을 살살 올리는 것 같아 엄마는 가끔 손이 올라가기도 합니다. 그러면 아이는 울면서 그때는 말을 듣지만, 그 일이 끝나면 언제 그랬냐는 듯이 다시 같은 행동을 반복합니다.

이처럼 아이의 행동은 부모의 임기응변식 말투에서 비롯된 경우가 많습니다. 대화가 아닌 지시를 하는 부모의 아이한테서 자주 볼 수 있습니다. 아이는 자아가 성장하면서 자연스럽게 부모의 말에 반기를 듭니다. 자기에게 이롭다면 말을 잘 듣지만, 지시적이고 자기가 할 일이 아니라는 생각이 들면 짜증 투로 이야기합니다. 어른에게는 아이의 이런 행동이 말대꾸로 느껴지지요.

좀 더 자라면 엄마와 싸우다가 자기 방으로 들어가버리기도 합니다. 엄마랑은 말이 안 통한다며 억울하고 화난 표정을 짓고 행동하죠. 엄마에게 어느 정도의 불만을 표출하며 상황을 피하는 것입니다.

서로가 원칙을 정해 약속을 하고 반드시 지키기

여러 해결책 가운데 '서로 간에 약속하기'를 권합니다. 부모의 일방적인 지시 약속이 아닌 서로 간의 약속입니다. 화를 내지 않고 약속을 지키려고 서로 노력해야 합니다.

엄마가 원하는 것과 아이가 원하는 것을 서로 세 가지씩 구체적으로 적고 적정한 선에서 지키기로 약속을 합니다. 그리고 지키지 못했을 때 해야 하는 벌칙도 함께 정합니다.

가능한 한 명확하고 구체적인 부분까지 약속하고 잘 지켜야 합니다. 약속을 통해서 아이와 부모가 생각하는 시간을 갖게 하는 방법입니다. 서로 한 약속이 안 지켜졌을 때는 단호하게 행동해야 합니다. 부모의 기분에 따라서 지켰다 안 지켰다 해서는 안 됩니다. 기준 없이 때에 따라 관대해지면 약속을 한 의미가 없어집니다.

만약 TV를 30분 보기로 약속했는데 이를 어기고 더 오래 본다면 약속을 지키지 않은 것을 설명한 후 TV를 치워버릴 수 있는 단호함이 필요합니다. 이때는 부모도 아이 앞에서 TV나 인터넷을 보지 말아야 합니다. 마트에서 물건을 살 때 고집을 피우면 엄마 기분을 차분히 말로 설명합니다. 설득이 안 되면 쇼핑을 그만두고 그 즉시 집으로 돌아와야 합니다. 마트 갈 때 미리 구입할 품목을 아이와 함께 적어가면 문제 상황이 덜 생기겠지요.

정해진 규칙을 잘 지켜야 아이가 억울하다는 생각을 하지 않고, 자신이 어떤 행동을 했는지 생각하게 됩니다. 그리고 아이가 약속을 잘 지키면 잊지 말고 칭찬합니다.

부모가 아이에게 단호한 모습을 보여야 하는 방법이라 실천이 어려울 수도 있지만, 그렇다고 아이가 안쓰럽다고 행동에 옮기지 못하면 아이의 행동을 고칠 수 없다는 점을 기억해주세요.

13
옆에 누가 있으면 더 심하게 떼를 써요

장난감 매장에서 "이거 사 줘!" 큰소리를 내며 떼를 쓰는 아이가 있습니다. 평소에는 얌전한데 사람들이 많은 공공장소에만 나오면 떼를 쓰지요. 어떤 아이는 바닥에 드러누워 울기도 합니다. 부모로서는 사람들이 모이는 공공장소에서 아이가 이런 행동을 하면 당황스럽습니다. 난감하고 민망하기까지 한 상황이죠. 가끔 마트 장난감 코너에서 볼 수 있는 모습입니다. 주변에 사람들이 많을 때 본인의 말을 더 잘 들어준다는 것을 알기 때문에 하는 행동입니다.

아이 행동을 객관적으로 보려면 어떤 기준이 있어야 할까요? 사회적으로 지켜야 할 '공중도덕'이 바로 그 기준이 될 수 있습니다. 남에게 상해를 입히거나 반대로 입을 수 있는 상황이 되기 전에 아이의 행동을 제지해야 합니다.

아이는 어떤 일이 남에게 피해를 줄 수 있는지 모를 수 있습니다. 남에게 피해가 되는 상황이라면 아이가 인지할 수 있도록 부모가 중재에 나서야 합니다. 이러한 기준을 세웠다면 아이 행동에 대해서 '설명 – 이해시키기' 방법을 권합니다. 아이가 이해할 수 있도록 아이의 눈높이에 맞춰 설명하는 것입니다.

아이는 자신이 이해한 행동을 바르게 실천하고 나면 뿌듯함을 느낍니다. 꾸짖음은 아이의 자존감을 누르지만, 스스로 이해한 후 행동하면 자기 효능감이 높아져 자존감도 높아지지요.

아이를 훈육할 때 종종 강압적인 언어가 나올 수 있지만, 아이 스스로 이해한 경우라면 스스로의 자존심을 세우기 위해서도 자신이 한 약속을 지키려고 노력합니다. 아이 스스로 행동할 수 있도록 만들어주면 심리적 상처 없이 올바른 행동을 유도할 수 있습니다. 아이가 주체적으로 행동하게 됩니다.

마트에서 고집 피울 때

아이의 떼쓰기나 고집은 20개월 이후에 자연스럽게 나타나는 행동입니다. 어린아이가 떼를 써서 몇 번 들어주면 학습되어 떼가 늘기도 합니다.

마트에서 고집 피울 때 시간은 좀 걸리지만, 아이한테 그 장난감을 볼 수 있는 시간을 충분히 주기 바랍니다. 그리고 그 장난감에 관해 이야기를 나눠보기 바랍니다. 아이가 좋아하는 이유를 듣고 충분히 공감을 표현한 후 "안녕"이라고 인사를 하고 헤어지도록 합니다.

다른 친구들도 만날 수 있도록 물건을 제자리에 예쁘게 두는 것이 어떨지 제안합니다. 다음에 이 물건을 어떻게 하면 살 수 있을지 계획을 한번 세워보는 것도 좋습니다.

"너 이러면 집에 가서 혼난다"처럼 의미 없는 협박은 바람직하지 않습니다. 집에 돌아와 마트에서 있었던 일로 아이를 야단치는 것도 효과가 작습니다. 훈육은 아이의 행동에 잘못이 있는 그 시점에 해야 가장 효과적입니다.

"잘 앉아 있으면 사탕 사 줄게"는 이상하게 행동해야 사탕을 먹을 수 있다는 생각을 하게 만들 수도 있습니다. 그리고 사탕 때문에 말을 듣기 시작하면 사탕이 없는 상황에서는 말을 안 들어도 된다는 심리가 작용합니다. 평소에 갖고 싶은 것은 떼를 심하게 써서 얻을 수 있다는 학습이 되면 고집은 더 세고 강해지므로 바로 그 장소에서 통제가 어렵다면 장난감이 없는 곳으로 이동하여 훈육을 하고 필요한 경우 쇼핑을 중단해야 합니다.

부모마다 이런 상황을 모면하는 방법이 있을 것입니다. 설득하기, 꾸중하기, 무시하기, 놔두고 가기, 빤히 쳐다보고 있기, 일으켜 세우기, 카트에 강제로 태우기, 쇼핑 중단하기 등등 다양합니다. 하지만 난감한 상황이 더 자주 이어지고 마트에 올 때마다 이러한 행동을 해서 도저히 함께 장을 볼 수 없는 상황이라면 다른 방법으로 행동을 수정해야 합니다.

아이가 바닥에 드러누워서 떼를 쓸 때 손으로 눌러 아이를 잠시 일어나지 못하게 하는 방법이 있습니다. '눕는 것은 네 마음이지만 일어나는 것은 네 마음이 아니야'를 알려주는 것입니다. 아이가 상황을 인지하고 일어나려 한다면 그때 한 번쯤 못 일어나도록 합니다. 잠시 시간이 지난 후 아이와 대화를 합니다.

"너의 이 행동은 엄마를 화나게 한단다."

"자, 지금 바로 일어나서 채소 사러 갈 수 있겠니?"

아이와 교감을 충분히 나눈 다음 편안하게 자리를 이동하였다면 "○○가 엄마와 한 약속을 잘 지켜서 엄마는 기뻐요." 하고 아이의 행동을 칭찬합니다.

아이가 문제가 될 만한 행동을 하면 왜 그런 일이 일어나는지를 먼저 파악한 후 이해 가능한 설명과 칭찬이 뒤따라야 한다는 점을 기억해주세요.

14
공공장소에서 엄청 소란스러워요

"밖에만 나가면 과격하게 놀아요."

"집 밖에서 다른 아이에게 피해를 줄까 봐서 걱정됩니다."

행동반경이 큰 아이, 움직임이 많은 아이, 다른 사람에 대한 호기심이 많아서 다친 일이 있거나 다른 아이와 자주 실랑이하는 아이를 둔 부모들이 하는 걱정이죠. 공공장소나 혹은 다른 집에 방문했을 때 큰소리를 지르며 뛰어놀거나, 소란스러운 행동을 하고, 주변 상황은 전혀 신경 쓰지 않은 채 뛰어다니는 아이의 행동 때문에 당황하곤 합니다.

많은 아이의 부모가 주변 사람에게 미안해하면서도 "아이 때 자유롭게 놀지 언제 그러겠어요", "아이 행동을 막으면 독립심, 자존감이 무너질까 봐 제지를 못 하겠어요"라고 말하며 그대로 두기도 하죠. 물론 행동의 자유를 중시하며, 스스로 자기 행동의 영향과 결과를 깨닫고 알아가도록 교육하고 싶은 부모의 마음은 충분히 이해할 수 있습니다.

상담을 하다 보면 아이의 놀이 행동을 보고 "애들이 다 저 정도는 놀지 않나요? 그냥 두는 편이에요." 하는 부모를 만나곤 합니다. 그런데 부모의 판단과 달리 전문가 관점에서 보면 행동을 제지해야 할 수준인 경우가 있습니다. 판단의 기준이 다르고 또 부모의 성향이나 교육철학이 달라서 그런 것이 아닌가 합니다. 어느 쪽이 잘하고 못하는지를 가르기는 모호합니다.

자발적인 놀이라면 전문가로서 선호하는 편입니다. 다만, 주의하고 기억해야 할 것은 장소나 환경에 따라서 자신의 아이를 객관적으로 볼 수 있는 부모의 기준이 필요합니다. 필요에 따라서는 아이의 행동을 제지하거나, 스스로 자제할 수 있도록 도움을 주는 것이 부모의 역할이니까요.

식당에서 소리 지르며 뛰어다닐 때

아이가 집중할 수 있는 일을 만들어줍니다. 식당에서 어른들끼리만 이야기를 나누고 아이를 가만히 두면 아이는 자연히 일어나서 움직이려고 듭니다. 호기심 많고 활동적인 아이에게 가만히 앉아 있으라고 하는 것은 벌처럼 느껴질 수 있습니다. 좀 서툴더라도 물을 따르다거나 상 위에 수저를 놓는 등 아이가 식당에서 집중할 수 있는 책임을 주는 것이 좋습니다. 주문한 음식이 나오면 음식에 관해서 이야기를 나누고요. 음식 색깔에 관한 이야기도 좋고, 재료가 무엇인지 맞춰보는 것도 좋습니다. 외출하기 전에 아이가 가지고 놀 만한 것을 미리 준비해 가는 것도 좋습니다.

아이에게 주위를 천천히 둘러보며 식사하는 사람들을 살펴보도록 합니다. 그러고 나서 무엇을 보았는지 물어보세요. "제자리에 앉아서 맛있게 드시네", "와, 너도 어른들처럼 똑같이 먹고 있어!", "형아 다 되었구나!"라며 칭찬도 합니다.

사람이 많은 식당에서는 부모가 꾸중을 하지 않을 것으로 생각하고 심하게 뛰어다니는 아이들이 있습니다. 이때는 식당 밖으로 나가서 한동안 아이와 이야기를 하며 타이릅니다. 중요한 것은 공공장소에서 다른 사람을 배려할 수 있는 마음가짐을 가지도록 하는 것입니다. 그리고 안전에 관해서도 이야기합니다.

그리고 항상 마지막에는 "○○(이)는 그 정도는 충분히 해낼 수 있어요"라는 말로 자신감을 주어야 합니다. 아이는 엄마와 아빠에게 더 큰 사랑을 받기 위해 잘못된 행동을 고쳐나가려고 노력합니다. 아이가 이해하고 식당에서 자기 자리를 지키고 잘 먹고 나면 사탕 하나를 주면서 그 사탕에 의미를 부여하는 것도 좋습니다.

영화관에서 소란스럽게 할 때

아이가 처음부터 영화관에서 조용히 해야 한다는 것을 알기는 어렵습니다. 왜 조용해야 하는지를 먼저 알려주고 상황을 이해시켜야 합니다. 영화관에 들어가기 전에 영화가 시작하면 소리 지르면 안 된다는 점을 알려줍니다. 충분한 교육이 선행되어야 합니다. 영화관에서 지켜야 할 예절을 지키지 않으면 영화를 보지 못하고 나와야 한다는 점 또한 미리 설명합니다.

막히고 어두운 공간을 무서워하는 아이나, 영화 자체가 지루하면 아이들은 울면서 소리를 지르거나 의자에 가만히 앉아 있지 않고 돌아다니려고 할 겁니다. 영화관이 처음이라면 아이의 성향과 나이를 고려해서 아이가 좋아할 만한 영화를 고르는 것이 중요합니다.

만일 영화 중간에 소리를 지른다면 밖으로 잠시 나오기 바랍니다. 그리고 아이에게 왜 그런 행동을 했는지 이유를 묻고 아이의 생각을 잘 들어주기 바랍니다. 그런 다음 그런 행동을 하면 안 된다고 이야기하세요. 다시 영화관에 들어가서 같은 행동을 또 한다면 영화 보기를 그만두고 나와야 합니다. 중간에 잘 보고 있다면 윙크를 살짝 하거나, '엄지 척' 한 번 해주고요. 마지막까지 잘 보고 나왔다면 아이의 행동을 구체적으로 칭찬합니다. 그리고 함께 본 영화 내용에 관한 이야기를 나누어보기 바랍니다.

대중교통 이용 시 의자에 올라가거나 드러눕는 행동

아이들은 눈에 보이는 부분을 해석하는 방식이 어른들과는 다릅니다. 지금 이 순간 자신이 할 수 있는 행동을 마음껏 표출하려고 하지요. 푹신해 보이는 의자에서는 뛰고 싶고, 긴 의자는 침대 같아 눕고 싶어 합니다. 지하철을 탄다는 것은 아이에게는 즐거운 놀이죠. 책이나 TV, 동영상에서 보던 것을 실제로 타고 움직임을 느낄 수 있기 때문에 아이들은 지하철, 버스를 이동수단이 아니라 놀이기구로 생각하기도 합니다.

지하철이나 버스 의자에 신발을 신고 올라가는 것은 다른 사람이 앉았을 때 옷에 흙도 묻고 지저분해질 수 있다는 것을 말해주세요.

"네가 여기에 신발을 신고 올라가면 지저분한 것이 묻을 것 같아. 그런데 우리가 차에서 내리고 다른 누군가가 앉으면 입고 있는 옷은 어떻게 될까?"

"만일 친구가 흙이 묻은 신발을 네 옷에 닦으면 네 옷은 어떻게 될까?"

자신에게는 신나는 일이지만 하고 싶다고 마음대로 행동했을 때 다른 사람에게 어떤 영향을 끼치는지를 생각해보는 시간을 갖도록 해주세요. 공중도덕과 공공장소 예절을 지켜야 하는 이유를 조금은 이해하게 됩니다.

15
자꾸 거짓말을 해요

아이가 하는 말이 다 사실인 줄 알았는데 어느 순간부터 거짓말하는 것이 조금씩 보입니다. 거짓말은 아이의 삶에서 부모와의 갈등, 학대와 같은 환경적인 요인들이 작용하고 그런 것들이 내재화되어 나타나기도 합니다. 어린 나이의 습관적인 거짓말은 성장 후 훔치기, 무단결석, 공격적 행동이나 다른 문제 행동이 나타날 수 있다는 신호일 수도 있습니다.

아이의 성장 발달에 따라 거짓말 유형도 달라집니다. 아이의 행동에 무조건 야단치지 말고, 먼저 아이가 왜 거짓으로 꾸며서 이야기하는지 그 이유를 듣고, 그러한 행동이 어떤 점에서 잘못되었는지 반복해서 알려줍니다. 거짓말이 잘못이라는 것을 아이 스스로 깨달을 수 있도록 교육을 해야 합니다.

아이들이 자주 거짓말하는 상황

- 부모가 사 주지 않는 물건이나 문구류 등을 몰래 사고 나서 선물로 받았다거나 길에서 주웠다고 말하는 경우
- 부모와 약속한 일을 하지 않았으면서 했다고 하는 경우
- 텔레비전을 보거나 컴퓨터 게임을 한 뒤 안 했다고 하는 경우
- 형제끼리 싸우고 난 뒤, 상대방에게 책임을 미루는 경우
- 가족에게 자기 능력을 과시하고 싶은 마음에 반에서 무엇을 제일 잘한다거나, 선생님께 칭찬을 받았다고 하는 경우
- 어른의 관심을 끌거나 칭찬을 받기 위해, 일어나지도 않은 일을 있었던 것처럼 말하는 경우
- 형이나 동생이 가진 물건을 가지고 싶을 때, 몰래 감춘 뒤 보지 못했다고 하는 경우

대인관계별 거짓말 유형

거짓말은 상대방과의 관계 문제로도 발생합니다. 대인관계에서 나타나는 행동의 한 형태로 이해해야 합니다. 아이가 거짓말을 하는 이유를 정리하면 다음과 같습니다.

부모에게 하는 거짓말

- 관심을 받기 위해서 하는 거짓말

- 꾸중을 피하려고 하는 거짓말
- 자신의 잘못이 발각되지 않게 하려고 하는 거짓말
- 부모가 원하는 일에 대해 실망을 시키지 않으려고 하는 거짓말
- 자신이 해야 할 일을 잘 해결하지 못해 결과를 감추려고 하는 거짓말

친구에게 하는 거짓말

- 타인과의 관계 형성에 필요한 말을 꾸며서 하는 거짓말
- 친함을 유지하기 위해서 하는 거짓말
- 대결구도인 경우에는 친구보다 더 잘한다는 모습을 보여주기 위해서 하는 거짓말
- 자신이 갖고 싶은 것이 있는데 주지 않으려고 하면 그 물건을 얻기 위해서 하는 거짓말
- 부끄러움을 감추기 위해서 하는 거짓말

선생님에게 하는 거짓말

- 칭찬을 듣기 위해서 하는 거짓말
- 자기가 할 수 있는 일인데도 관심을 받고 싶어서 못한다고 하는 거짓말
- 꾸중을 듣지 않기 위해서 하는 거짓말

거짓말하는 아이의 마음 알아주기

"어제 엄마 아빠랑 놀이공원에 갔다 왔어"라며 가지도 않은 놀이공원에 다녀왔다고 거짓말을 합니다. 이런 경우 "너 왜 그런 거짓말을 하니?"보다 아이가 무얼 원하는지를 이해할 수 있어야 합니다. 아이가 놀이공원에 갔다 왔다는 거짓말을 했다면 부모와 함께 즐거운 시간을 보내지 못한 것에 대한 욕구불만이 있어서였을 겁니다. 아이에게 관심이 필요하다는 신호입니다.

주위의 기대에 부응하지 못하거나 자신의 능력이 부족하다고 느낄 경우 아이는 거짓말을 할 가능성이 있습니다. 거짓말을 통해 자신의 약점을 감추고 싶은 것이지요. 잘하고 싶기는 한데 자주 실패를 경험했을 경우 더 이상 노력하기를 포기하고 거짓말로 해결하려는 심리도 깔려 있습니다. 친구들보다 뛰어나 보이고 싶어서 혹은 친구들과 좋은 관계를 유지하고 싶은 마음에 과장된 말로 거짓말을 하기도 합니다. 반대로 혼자만의 비밀을 갖고 자신의 실수나 부모가 금지한 행동을 한 것을 감추기 위해 거짓말을 하기도 합니다.

아이가 거짓말을 한 것을 알았을 때 이유도 묻지 않고 무조건 야단부터 치면 아이는 끝까지 거짓말을 할 수도 있습니다. 또 그 거짓말이 들통이 난다고 해서 '다시는 거짓말을 하지 말아야지'라고 생각하지도 않습니다. 어떻게 하면 화난 엄마를 잘 구슬러서, 빨리 잘 넘어갈 수 있을지만 생각합니다. 자신의 잘못을 뉘우치는 것이 아니라 모면하기 위해 잘못을 했다고 이야기하지요.

공포 상황에서 “잘했어? 잘못했어?”라고 묻는다면 모든 아이는 잘못했다고 말하지만 두려움이 커서 정작 자신의 잘못이 무엇인지는 미처 생각하지 못합니다. 아이가 잘못을 깨닫고 스스로 말할 수 있는 시간 여유를 주고 아이의 마음을 이해하면서 잘못을 짚어가는 것이 현명합니다.

아이의 마음 읽고 대화하기

“동생 싫어! 내 말도 안 듣고 자기 마음대로만 해!”

“그렇게 이야기하면 안 돼! 너 자꾸 그렇게 말하면 혼난다!”

이런 식의 대화는 엄마에게 자신의 마음을 숨기게 만듭니다. 아이가 부정적인 감정이나 긍정적인 감정을 모두 표현할 수 있게 평가 없이 들어주세요. 아이라면 그런 생각을 할 수 있습니다. 이러한 감정이 있다면 분명 동생에 관해 거짓말을 하게 됩니다. “동생의 어떤 행동이 널 기분 상하게 했을까?”로 대화를 시작합니다.

부모 반성

나이가 어릴수록 별 의도 없이, 눈앞에 닥친 상황을 모면하기 위해 거짓말을 합니다. 그러나 점점 자라면서 거짓말은 어떤 의도를 띠게 되고, 간혹 좋지 않은 방향으로 가기도 합니다. 거짓말은 가짜 상황을 만들고 본인을 합리화시키지요. 아이가 새 장난감을 갖고 싶어서 갖고 있던 장난감을 휴지통에 버리고 엄마한테는 잃어버렸다고 하며 새 장난감을 사달라고 조르기도 하지요.

아이가 가지고 싶어 하는 물건을 부모가 사 주지 않으면, 아이들은 거짓말을 해서라도 기어코 물건을 손에 넣으려고 합니다. 갖고 싶고 하고 싶은 욕구가 강한 아이와 과정보다 결과를 중요하게 여기는 부모가 만나면 이러한 상황을 일으킬 확률이 높습니다. 서로를 이해할 수 있는 적절한 대응 장치가 부족하기 때문입니다.

아이가 왜 거짓말을 했는지 그 마음을 이해하기보다 거짓말을 한 그 자체만 가지고 나쁘다는 생각을 하면 부모는 취조하는 사람으로 바뀌게 됩니다. 이런 상황이 일어나지 않도록 적절한 대응 육아법이 있어야 합니다. 사전에 아이가 자주 거짓말을 하는 상황을 예상하고, 가능한 한 그런 상황이 일어나지 않도록 대비합니다.

- '나쁜 것은 네가 아니고 거짓말하는 행동'이라는 점을 알려줍니다. 아이로 하여금 왜 자신이 거짓말을 했는지를 스스로 이해할 수 있도록 도와주세요. 그리고 그 상황에서 어떻게 행동해야 하는지를 알게 해주어야 합니다.
- 평소에 실수를 솔직하게 말하는 것을 칭찬합니다. 자신의 실수를 인정하는 것에 불안해할 필요가 없음을 알도록 합니다. 아이는 반듯한 어른으로 성장합니다.
- 명확한 증거가 없다면, 아이의 말을 믿어야 합니다. 의심보다는

믿음이 우선되어야 부모에 대한 신뢰가 쌓입니다.

- 거짓말을 들킨 경우에는 어떻게 행동하는 것이 옳았을지에 대해 물어봅니다. 거짓말 자체를 지적하기보다는 앞으로 하지 않도록 하는 교육을 해야 합니다. 그와 같은 상황이 또 발생했을 때 할 수 있는 행동요령도 알려주세요. 그리고 그런 상황에서 아이가 이야기했을 때 부모가 할 수 있는 답변까지 해봅니다.
- 감정 표현이 잘 되지 않을 경우 감정을 숨기기 위해 거짓말을 할 수도 있습니다. 아이가 느끼는 부끄러움, 죄책감과 같은 다양한 감정을 말로 표현할 수 있는 기회를 줍니다. 시간을 갖고 부끄러움이나 죄책감을 이야기하고 솔직히 말할 수 있는 방법을 알려줍니다.
- 아이가 거짓말을 한다면 아이에게 새로운 것을 가르칠 수 있는 기회라는 태도를 가지기 바랍니다. 성장하면서 거짓말을 한두 번 안 해본 사람은 없습니다. 올바른 교육으로 이어짐으로써 바른 생각을 할 수 있는 계기가 되도록 합니다.
- 강하게 다그치지 않습니다. 다그치면 더 숨기게 되며 한 번 한 거짓말을 덮기 위해 거짓말을 또 합니다.
- 거짓말을 자주 하는 아이의 경우 상과 벌의 규칙을 세웁니다. 거짓말을 할 때마다 자유 시간을 금지하고, 반대로 일정 기간 거짓말을 하지 않으면 적절한 보상을 합니다.
- 아이가 사실을 말할 경우에는 처벌하지 않는다는 것을 확신시

킵니다. 이는 책임을 벗어난다는 의미는 아니며 고백을 했다면 정직함에 대해 칭찬을 해주는 것입니다. 거짓말을 하는 것보다 사실을 말하면 더 많은 보상을 받을 수 있다는 믿음을 주는 것입니다. 잘못에 대한 원상복구나 배상 행동을 해야 한다는 것 또한 교육해야 하며, 가급적 일이 더 확산되지 않도록 빠른 시간에 해결합니다.

- 정직을 주제로 한 책을 읽게 합니다. 책에 있는 내용을 서로 논의해봅니다.
- 큰소리 내지 말고 침착한 태도를 취해야 합니다. '왜?'를 자제합니다. 소리를 지르거나 화부터 내는 것은 아이가 사실을 고백하고, 자신이 한 실수를 인정하는 것을 더 어렵게 만듭니다. 부모가 아이를 염려하고 사랑하고 있다는 것을 이해시키는 것이 중요합니다.
- "넌 거짓말쟁이야" 같은 말은 자존감을 무너뜨리고 낙인을 찍는 것과 같습니다. 한 번의 실수로 심리적 고통을 계속 받을 수 있으므로 이런 말로 장난을 치거나 필요 이상으로 언급하지 않습니다.

위에 예시한 내용을 참고하여 아이가 거짓말할 상황을 예상하고 대응 방법을 미리 생각해두면 아이와의 대화를 좋은 방향으로 이끌 수 있습니다. 예컨대 "TV 안 봤어!", "왜 계속 봤어?", "왜 약속 안 지켜?", "TV가 이렇게 뜨거운데 어디서 거짓말을 해!"라고 계속 질문으로 아이를 몰아붙이는 것이 아니라, "네가 시간 가는 줄 몰랐구나. 다음부터는 시간을 맞춰놓고 보자", "알람 소리가 나면 끄는 걸로 약속하자" 등의 약속을 하고 이를 어겼을 때 어떻게 할지도 아이와 함께 정해놓습니다.

거짓말을 안 하는 게 좋지만 성장하면서 거짓말은 한두 번은 하게 됩니다. 꾸중을 해서 잘못했다는 말을 듣는 것보다 아이 스스로 하지 않겠다고 다짐할 수 있도록 해주세요.

거짓말하는 아이의 행동을 개선하기 위한 놀이

- 거짓말을 하는 동물을 역할극에 등장시켜 거짓말에 속아 넘어간 친구의 어려움을 보여줍니다. 그리고 무엇이 잘못인지 아이가 구분할 수 있도록 합니다.
- 거짓말하는 아이의 이야기를 들려주고 이후 주변 상황을 살펴볼 수 있도록 합니다.
- 가상의 인물을 통하여 이야기를 풀어나가면서 거짓말에 관한 아이의 생각을 들어봅니다.
- 거짓말과 관련된 이야기 책을 읽어줍니다.

연령별 거짓말 유형

만 3세

만 3세가 되면 거짓말을 하기 시작합니다. 이때가 되면 의도를 가지고 남을 속일 수 있습니다. 현실과 상상을 잘 구분하지 못하기 때문에 속이려는 의도가 있는지, 정말 아이가 그렇게 믿고 있는지 판단하기 어려운 시기입니다.

어린아이들은 현실과 환상을 구별하는 능력이 부족합니다. 우유병을 엎지른 24개월 아이에게 누가 그랬느냐고 물으면 "아빠가…", "토끼가…"라고 대답하는 경우, 이것을 딱 잘라 거짓말이라고 할 수는 없습니다.

만 3세의 거짓말은 다른 측면에서 보면 사고 능력의 확장을 뜻합니다. 3세 아이는 자신이 저지른 잘못을 부인하거나 원하는 것을 얻기 위해 아주 간단하면서도 이기적인 거짓말을 합니다.

거짓말을 한 것이 잘못이라고 이해하지 못하기 때문에 벌을 주는 것은 바람직하지 않습니다. 24개월 아이가 인형의 팔을 부러뜨리고서는 "저절로 빠졌어"라고 거짓말을 하기도 합니다. 부모는 "인형에게 무슨 일이 일어났지?", "아! 인형 팔을 당기니 빠진 거구나"라고 대꾸합니다. 아이 자신이 일으킨 일이란 것을 인지시키기 위해 언쟁을 벌일 필요는 없습니다. 아이가 병을 떨어뜨려 깼다면 "네가 병을 깨뜨렸지?"라기보다 "여기 좀 봐, 병이 깨졌네"라며 벌어진 현상 그대로를 이야기합니다. 그러고 나서 아이가 스스로 행동을 설명할 수 있게 기다려주는 것이 좋습니다.

만 4세

만 4세가 되면 조금 정교한 거짓말을 합니다. 만 3세와는 질적으로 다른 양상에 횟수도 늘고 속이려는 의도가 나타납니다. 꾸며낸 이야기를 할 때가 많습니다. 눈에 보이지 않는 친구, 괴물, 귀신 등에 대해 거짓말을 하는 나이입니다.

아이가 지어내는 거짓말은 순수한 놀이일 수도 있고, 그들의 희망에서 나온 것일 수도 있습니다.

"토순이는 당근 싫어해~~. 나도 안 먹을래."

만 5세

만 5세가 되면 거짓말이 좀 더 정교해집니다. 잃어버린 장난감에 관해서 "괴물이 가져갔어"라고 말하기도 합니다.

자신의 잘못이 아님을 항변하는 말이기도 하지만, 실제로 어느 정도는 그렇게 생각하는 것도 사실입니다. 따라서 부모는 아이가 장난감을 잃어버린 것에 대해서는 야단칠 수 있으나, 괴물이 가져갔다는 표현에 대해서는 야단칠 필요가 없습니다. 아이가 자신의 상상 속 세상이 진짜라고 주장하는 것은 당연한 일입니다.

만일 그 거짓말이 엄마를 힘들게 한다면 전체 상황을 바라볼 필요가 있습니다. 아이가 행복해 보이고 생활 속에서 사람들과 관계를 잘 유지하고 있다면, 아이가 공상하는 것에 대해 전혀 걱정할 필요가 없습니다. 새로운 일을 처리하는 아이만의 방식일 뿐입니다.

다치지 않았는데도 아이가 "팔이 아파"라고 말한다면 이는 엄마의 관심을 끌고 싶어서 한 거짓말입니다. 즉, 엄마의 보살핌을 받고 자신이 사랑받고 있다는 것을 확인하고 싶은 것입니다. 이때는 관심을 끌려는 아이의 시도를 충분히 만족시켜 줍니다.

"여기가 아프구나. 호~~~. 많이 다치진 않았구나. 금방 나을 거야" 같은 대답으로 애정을 표현해주세요.

만 6세

만 6세 정도에 접어들면 '옳고 그름'을 구분할 줄 압니다. 거짓말을 하는 이유도 매우 다양해집니다.

분명한 잘못을 했을 때는 야단을 칠 필요가 있습니다. 가령 아이가 친구의 물건을 훔친 다음 "친구가 줬어"라고 말했다면 훔치는 행동이 잘못임을 알고 있다는 뜻입니다. 다시 한번 야단맞는 것이 두렵기 때문에 거짓말을 한 것입니다. 훔치는 것이 잘못된 행동임을 분명하게 가르쳐야 합니다.

"친구가 주지 않았다는 것을 알고 있어. 다른 사람의 물건을 함부로 가져오는 것은 나쁜 행동이야. 다시 돌려주자."

이 또래의 아이는 흑백 논리로 생각하는 경우가 많습니다. 착한 사람은 나쁜 행동을 하지 않는다고 생각합니다. 그래서 자신의 나쁜 행동을 없었던 일로 부정하며 거짓말을 하기도 합니다.

만 7~8세

초등학교에 입학할 시기가 되면 거짓말이 잘못이라는 것을 잘 알고 있습니다. 부모 양육 태도에 따라 거짓말 정도가 큰 차이를 보입니다. 거짓말의 진정한 의미를 알고 있어서 자기 이익이나 방어를 위해 다양한 거짓말을 합니다.

반대로 거짓말의 부정적인 결과도 알고 있습니다. 가끔은 부모를 속일 수 있지만 결국은 부모가 자신을 못 믿게 되고 자신에게 손해가 더 크다는 것을 알지요. 그래서 거짓말을 위해 상황을 논리적으로 만들어 갑니다. 예컨대 준비물을 안 가지고 왔을 때 부모에게 그 잘못을 미루는 거짓말이라든가, 숙제를 하지 않은 상황에서 "숙제는 했는데 공책을 안 가져왔다"고 말하고, 친구와 싸웠을 경우에도 전부 상대방이 잘못해서 싸운 것이라고 책임을 미룹니다. 이런 경우 거짓말이 습관이 되지 않도록 부모의 훈육이 필요합니다.

16
유치원에서 있었던 이야기를 잘 안 해요

"오늘 유치원에서 뭐 했어?"

"그림 그렸어요."

"재미있었니?"

"네."

"어떤 게 재미있었니?"

"음…."

"친구들이랑 무슨 이야기 했니?"

"기억이 안 나요. 몰라요!"

부모는 아이가 어린이집이나 유치원에 들어가면 또래의 아이들과 어떻게 지내는지 궁금합니다. 그래서 아이가 유치원이나 어린이집에서 돌아오면 이런저런 질문을 하게 되지요. 그러면 아이는 유치원에서 있었던 이야기를 종알종알 이야기합니다.

하지만 어떤 아이는 대답을 회피합니다. 부모는 당연히 궁금하고 답답해서 혹시 뭔가 잘못된 일이 있는 것은 아닌지 걱정스러워합니다. 아이의 유치원 생활이 궁금해 재촉해서 물어보지만 아이는 귀찮은 표정에 성의 없이 대답하곤 합니다.

좀 자란 아이들의 경우 대답을 피해 아예 "배고파요! 오늘 저녁 뭐 먹어요?", "아빠 언제 와요?","쉬 마려워요!", "주말에 우리 어디 가요?"처럼 주제를 바꿔버립니다. 어떤 아이는 엄마가 귀찮아할 정도로 이야기한다는데 왜 우리 아이는 있었던 일을 물어보면 입을 꾹 다물고 말하지 않을까요? 도대체 무엇 때문에 말을 하지 않으려고 하는 걸까요?

자신이 잘못한 것을 부모가 아는 게 두려운 아이

부모에게 자신이 잘하는 모습만 보여주고 싶은 욕구가 강한 아이에게서 이런 행동이 나타납니다. 아이들은 부모와 이야기를 하다 보면 이런저런 말들을 하게 됩니다. 긍정적 이야기도 나오지만, 자신의 실수나 잘못한 일에 대해서도 말을 하게 됩니다. 그러다 보면 전달하고 싶지 않은 내용까지 전달하게 됩니다. 아이는 그런 게 싫은 겁니다. 자기의 부족함을 숨기고 싶은 마음이 있는 아이입니다.

속마음을 들키기 싫은 아이

내성적이며 생각이 많은 아이는 자신의 속마음을 들키기 싫어합니다. 이런 성격의 아이는 유치원에서뿐 아니라 자기에게 일어난 일 자체를 남에게 잘 전달하지 않으려고 합니다. 내면의 자아가 성장하면서는 아이가 자기 생활을 부모에게 이야기해봐야 별 의미가 없다고 생각하기도 합니다.

질문이 많은 엄마를 둔 아이

아이가 부모의 많은 질문에 힘들어하는 경우입니다. 아이가 이야기를 시작하면 궁금한 것들을 참지 못하고 계속 질문하는 부모가 있습니다. 예전에는 어린이집 이야기를 좀 했는데 커가면서 잘 안 한다고 느끼는 부모라면 혹시 아이에게 너무 많은 질문을 하고 있는 것은 아닌지 돌이켜 생각해보세요. 혹시 대화의 마지막이 잔소리로 바뀌는 스타일은 아닌지요. 그런 부모를 둔 아이들은 대화 자체를 싫어할 수 있습니다.

이야기하고 나서 혼난 경험이 있는 아이

즐겁게 대화를 시작했는데 마무리는 꾸중으로 끝나는 경우입니다. 엄마가 웃으면서 어린이집이나 유치원에서 있었던 일을 물으면 아이는 이런저런 이야기를 합니다. 그러면 부모는 아이가 말한 내용 중 친구들에게 잘못한 말이나 적절하지 못한 행동을 들으면 곧바로 훈계를 시작합니다. 결국 대화는 잘못된 행동에 대해서 혼을 내면서 끝나죠. 그러면 아이는 '내가 있었던 일을 말하면 꾸중을 듣는다'라고 생각해버립니다. 중간에 있었던 전달 과정은 아이한테서 사라진 것이죠.

부모가 듣고 속상해하는 걸 아는 아이

부모가 자신의 이야기를 듣고 속상해하는 것을 본 경험이 있는 아이입니다. 이야기해서 부모가 속상해하는 모습을 보느니 이야기 자체를 하지 않는 게 좋겠다고 생각하는 것이죠. 타인의 마음을 배려하는 아이입니다. 아이가 이야기하고 있는 동안 진지하게 경청하는 모습을 보여줍니다. 이때 공감하는 것은 도움이 되지만 감정을 과하게 드러내는 것은 아이를 놀라게 할 수 있으므로 차분하게 듣고 긍정적인 반응을 보여주세요.

친구들과의 비밀을 지키고 싶은 아이

아이는 커가면서 친구와의 관계 폭이 넓어집니다. 부모 입장에서는 속상할 수도 있겠지만, 어느 순간이 되면 친구가 더 중요한 시기가 찾아옵니다. 초등학교만 들어가도 친구들과의 관계를 중요시하게 됩니다. 억지로 알려고 하기보다 아이와 친밀한 관계를 유지하면서 비밀을 먼저 말할 수 있는 분위기를 조성하는 것이 좋습니다. 잠자기 전에 고민거리를 들어주는 식이죠. 말을 강요하기보다 부모가 먼저 마음을 열고 이야기를 시작하는 것이 좋습니다.

약속을 지키지 않는 엄마의 아이

유치원에서 있었던 이야기를 하다 보면 좋은 일, 좋지 않은 일, 친구들의 행동, 선생님의 말투 등 많은 부분을 부모에게 전달하게 됩니다. 친하지 않은 친구와 관련된 이야기, 자기 생각에는 맞지 않는데 친구들은 그렇게 한다는 이야기 등등 다양하지요. 문제는 이 선에서 마무리를 지어야 하는데 그 이야기가 다른 사람에게 전달이 되어 다른 부모 혹은 선생님이 알게 되고 그로 인해 아이의 입장이 곤란해진 경험이 있는 아이입니다.

중요한 일의 경우에는 어른들이 상의해야겠지만, 아이들이 공동체 속에서 헤쳐나가야 할 일이라면 어떻게 진행되는지만 살펴봐야 합니다. 아이와 비밀로 하기로 약속을 했다면 꼭 지켜주세요. 그래야 아이는 믿음을 가지게 됩니다. 몇 번 약속이 어긋났다는 생각이 들면 아이가 이야기 자체를 하지 않으려고 합니다.

말해도 소용이 없어서 포기한 아이

자신의 말에 부모의 공감을 받은 경험이 없어서 말을 해도 편하지 가 않아 아예 이야기를 하지 않는 아이입니다. 아이에게는 호응을 받고 마음을 터놓고 이야기를 할 상대가 필요합니다.

아이는 자신의 말에 부모가 귀를 기울이지 않는 느낌이 들거나, 말을 해도 잊어버린다는 생각이 들면 어떤 말을 해도 소용이 없다는 느낌을 받게 됩니다. 자신이 처한 어려움을 이야기한들 부모가 어떻게 해줄 수 있을지 믿음이 생기지 않는 것입니다.

질문을 이해하지 못하는 아이

어린아이의 경우 광범위한 질문들은 그 뜻을 잘 이해하지 못할 때가 있습니다. "네 생각은 어땠니?", "분위기는 괜찮았어?"와 같은 질문들에 무슨 답을 할지 감을 잡지 못하는 경우가 있습니다. 질문의 요지를 잘 이해하지 못하면 "오늘 반찬 중에 제일 맛있었던 것은 뭘까요?"처럼 단순한 질문이 좋습니다. 조금씩 질문을 늘려나가며 대화를 해보세요.

다른 일에 집중하고 있는데 물어볼 때

성인도 재미있는 드라마를 보고 있거나 집중해서 책을 읽을 때는 누가 옆에서 말을 걸어도 들리지 않을 때가 있습니다. 아이도 마찬가지입니다. 흥미 있는 활동을 하고 있을 때 질문을 하면 대답이 건성으로 나옵니다. 심지어는 귀찮아하지요. 질문은 아이가 이야기할 준비가 되어 있을 때 하는 것이 좋습니다.

아이가 부모와 대화하기를 꺼린다면 부모의 대화법이 어떤지 먼저 살펴보는 것이 좋겠습니다. 혹시나 본인의 대화법이 재촉하는 말투는 아닌지, 말을 듣다가 꾸중하거나 핀잔을 주지는 않는지 잘 살펴보기 바랍니다. 아이와 대화를 할 때는 먼저 아이 말을 경청하며 이해한다는 것을 표현해주세요.

말로 표현하기 어렵다면 그림이나 만들기와 같은 것을 활용해서 어린이집, 유치원, 학교생활에 대해서 간접적으로 물어보는 것도 한 방법입니다.

그리기를 하면서 아이가 친구들과 함께 놀이하는 상황을 그린다면 그 상황에 관해서 물어보세요. 좀 더 쉽게 이야기를 풀어나갈 수 있고 아이의 속마음이 어떤지 알 수 있습니다. 그냥 머릿속에 있던 이야기가 아니라 그림을 보면서 설명하기 때문에 쉽게 이야기를 이어갈 수 있죠. 아이들은 자기 말을 잘 들어주는 사람, 호응해주는 사람과 대화하기를 더 좋아합니다.

제 2 장

아이에게 이상한 버릇이 생겼어요

- 습관, 버릇 편

"아이에게 좋은 습관을 길러주고 나쁜 버릇은 고쳐주고 싶어요."

아이들은 성장하면서
그전에는 하지 않던 행동을 합니다.
말을 배우고 친구를 사귀기 시작하면서
행동이나 말투가 바뀌기도 하고
어른들이 무심히 한 행동과 말에
행동이 변하기도 합니다.
아이는 자신의 감정을 말로 잘 표현하지 못합니다.
그래도 고착된 불안은 어떤 버릇으로 나타나기도 하지요.
아이의 버릇이 나쁘다고 엄격한 태도로 고치려고 하지 마세요.
아이에게 죄책감을 주는 방식보다는
아이의 속마음을 읽고 이해하고
아이 스스로 변할 수 있는 환경을 만들어주세요.

17
손톱을 자꾸 물어뜯어요

손톱을 물어뜯는 버릇은 대표적인 신경성 습관으로, 아이뿐 아니라 어른에게서도 종종 볼 수 있는 행동이며 혼자서 고치기 어렵습니다. 꾸중, 스트레스, 동생 질투 등으로 아이가 심리적으로 불안하거나 화가 났을 때 손톱을 물어뜯음으로써 안정을 찾고자 합니다. 손톱의 매끄러운 느낌보다 까칠까칠한 느낌에 자극을 받아 심해지기도 하고, 손톱 아래 살을 뜯는 따끔거리는 자극에 더 심해지기도 합니다. 이럴 때, "더러우니까 물어뜯지 말랬지!"라는 식의 훈계는 좋지 않습니다. 다음에 소개하는 방법을 시도해보세요.

- 보기 좋지 않다는 것을 사진을 찍어서 보여줍니다.
- 건강에 좋지 않다는 것을 설명합니다. 손톱 관련 인터넷 자료

사진을 보여줍니다.

- 목욕 전후 손 모습을 스스로 관찰하게 합니다. 두드러진 모습을 비교해줍니다.
- 네일 스티커 및 손톱 매니큐어를 발라줍니다. 감각이 달라 물지 않습니다.
- 거울 앞에서 손톱을 물어뜯는 걸 흉내 냅니다. 의식하고 행동하면 오히려 하지 않습니다.
- 불안감을 해소시킵니다. 대화와 놀이를 통하여 아이의 마음을 헤아려보고 공감해줍니다.
- 심한 경우 손톱 뜯기 방지약을 바릅니다.
- 무의식적으로 그럴 경우 일깨워줍니다. 이름을 부르고 안아줍니다.
- 양손을 사용하는 놀이를 많이 합니다. 눈으로 보기만 하는 놀이를 줄입니다.

아이에게 죄책감을 주지 않도록 부모의 말투와 방법, 태도에 주의를 기울이면서 될 수 있는 대로 부드러운 태도를 유지합니다. 인상을 쓰면서 손톱을 물어뜯는다면 여유롭고 편한 분위기를 조성하여 아이의 스트레스를 덜어주어야 합니다.

18
코를 후비고 코딱지를 먹어요

아이가 코를 후비는 이유는 여러 가지입니다. 건조한 환경으로 인해 빽빽함을 느끼는 경우, 감기에 걸린 후 코안의 점액질이 많이 굳어 이물감을 느끼는 경우, 신경적인 스트레스로 인해 생기는 버릇, 코에서 나온 이물질이 신기해서 만지작거리며 가지고 노는 경우 등 다양합니다. 코를 자주 후비면 코피가 날 수도 있고 코딱지를 먹는 경우는 위생에도 좋지 않습니다. 다음에 소개하는 방법을 시도해보세요.

- 휴지 쥐여주기 : 보통 5~6세가 되면 주변의 시선을 좀 더 의식해 스스로 그만두고 휴지로 코를 풉니다.
- 코를 후비는 자신의 모습 보기 : 사진으로 찍어 보여주고 스스

로 판단하도록 합니다.

- 코딱지 이해시키기 : 코딱지는 누구에게나 생기는 것이라는 것을 알려줍니다.
- 질병 관련 확인 : 비염 및 다양한 질병일 수 있으니 유심히 관찰하고 이상이 발견되면 병원에 갑니다.
- 책이나 미디어 이용하기 : 타인의 행동을 보고 자신과 비교하며 횟수를 줄이도록 유도합니다.
- 자주 파는 손가락에 밴드 붙이기 : 코를 파는 것은 감각 활동이므로 손가락에 밴드를 붙이면 코 파는 것을 막을 수 있습니다.
- 이름 부르기 : 코를 팔 때 이름을 불러 다른 곳으로 관심을 분산시킵니다.
- 원인 제거해주기 : 코가 막혀 숨쉬기가 불편하면 자주 코를 후빌 수 있으므로 자주 면봉으로 제거해줍니다.

아이들의 습관이나 버릇은 심리적 불안이나 욕구 불만으로 생깁니다. 긴장되는 상황에서 나오는 버릇은 만 3세 이후에 주로 나타납니다. 하지만 모든 아이가 그런 것은 아니고 심심함을 달래기 위한 하나의 놀이로 습관이 되는 경우도 있습니다. 아무 문제 없이 완벽하게 자라는 아이는 없습니다. 아이들은 자라면서 크고 작은 문제가 있기 마련입니다. 완벽한 아이란 없습니다.

아이의 이상 행동을 문제로만 보지 말고 성장하면서 일어나는 자연스러운 변화 중 하나라고 생각할 필요도 있습니다. 왜 이런 행동을 하는지, 어떻게 접근을 하면 좋을지를 충분히 고민한 후에 자연스러운 방법으로 행동 변화를 유도해야 합니다. 아이에게 부모의 큰소리는 근본적인 해결책이 되지 않는다는 점을 잊지 마세요.

19
장난감이나 읽고 난 책 정리를 안 해요

장난감이나 입고 벗은 옷, 읽은 책 등을 정리하지 않는 아이가 있습니다. 부모는 이미 여러 번 아이를 따라다니며 잔소리를 했을 테고요. 하지만 아이는 벌려놓기만 할 뿐 정리하는 걸 금세 잊습니다.

아이가 정리하는 속도가 느리고 정리된 상태가 어수선해 두 번 일하는 것이 번거로워 주로 엄마가 정리를 하는 경우도 있습니다. 그러면 아이는 으레 정리는 어른이 하는 것이라고 생각하기 쉽습니다.

집에서야 부모가 따라다니며 정리를 해줄 수 있지만, 어린이집이나 유치원처럼 단체 생활을 해야 할 때는 문제가 될 수 있습니다. 정리를 잘하지 못하면 물건을 잘 잊거나 잃어버릴 수도 있지요.

정리하는 습관도 역할 놀이를 통해 키울 수 있습니다. 부모와 함께 정리한 경험, 엄마가 정리정돈을 하는 모습을 떠올리며 정리하는 습관을 들이도록 하는 방법입니다.

모방 행동 이용하기

두 곳의 상황을 설정합니다. 하나는 호랑이 방, 하나는 토끼 방입니다. 호랑이 인형과 토끼 인형은 자신의 방에서 책을 봅니다. 호랑이는 책을 꺼내서 보고 방바닥 아무 곳에 그냥 둡니다. 토끼는 책을 읽고 난 후 원래 있던 책꽂이에 꽂아놓습니다.

아이는 두 상황을 모두 관찰합니다. 그리고 호랑이 인형과 토끼 인형의 행동을 비교하며 올바른 행동과 그렇지 않은 행동을 구분합니다. 그런 다음 아이가 직접 교사가 되어 호랑이와 토끼에게 좀 전의 행동에 관해 이야기하게 합니다.

역할 놀이, 극 놀이

아이들은 언제나 어른으로부터 교육을 받습니다. 그래서 늘 자기 행동에 대해 어른들에게 이야기를 듣고 지시를 받는 편입니다. 상황을 바꾸어 아이가 어른이나 교사가 되어 지도를 해보면 어른들이 생각하는 것보다 자기 생각을 더 잘 표현하는 경우를 볼 수 있습니다. 지금까지 기회가 없었을 뿐 보고 들은 내용을 얼마든지 말할 수 있습니다. 극 상황은 아이에게 올바른 행동이 무엇인지 스스로 판단하고 표현할 수 있는 계기를 만들어줍니다.

역할 놀이나 극 놀이는 아이의 모방 행동 특성을 이용하는 교육입니다. 역할극을 하면서 사건의 전후 맥락을 파악하고 상황을 판단하는 훈련을 하는 겁니다. 같은 상황에서 자신은 어떻게 말하고 행동할지, 자신이 한 행동은 어땠는지 되돌아볼 수 있습니다.

부모는 모든 상황을 말로 타이르며 설명을 해주지만 아이들이 그 상황을 전부 이해하기란 어렵습니다. 아이 때는 자신이 중심입니다. 또 눈앞의 것에 더 끌리고 남의 마음은 잘 알지 못합니다. 역할 놀이나 극 놀이는 부모의 지시나 강요 없이 아이 스스로 행동 변화를 이끌어낼 수 있는 좋은 교육이 될 수 있습니다.

아이의 버릇과 부모의 육아 태도

아이들은 커가면서 언어, 사회성, 인지, 심리, 운동 등 각각의 영역이 발달합니다. 발달한다는 것은 좋은 것이지요. '성장'과 '성숙' 그리고 '환경'이 발달의 주축을 이룹니다. 그런데 가만히 보면 긍정적인 부분만 발달하는 게 아니라 커가면서 사용하는 욕도 다양해지고, 고집도 세집니다. 투정도 심해지고 말대꾸도 더 많이 하지요. 나쁜 버릇도 생깁니다.

아이의 안 좋은 행동을 목격하면 '어, 왜 이런 행동을 하지?' 하고 생각을 하지요. 특히 한 번이 아니라 시간이 지나면서 횟수도 늘고 정도도 더 심해지는 것을 보면 당황스럽습니다.

아이의 습관은 부모 영향 아래 신생아 때부터 형성됩니다. 3세 이전에 형성되는 생활습관은 부모의 육아 태도에 영향을 받는 경우가 많습니다. 3세 이후에 나타나는 고집 부리기, 반항하기 등은 부모의 지나친 관용과 허용, 과잉보호 때문일 확률이 높습니다.

습관과 버릇은 다릅니다. 습관은 경험과 학습으로 습득되어서 주기적으로 반복하는 행동입니다. 버릇은 구체적인 의도나 목적 없이 특정한 상황에서 자동으로 대처하는 행동입니다. 어떤 행동을 함으로써 자신의 욕구를 충족시키고 심리적으로 안정을 찾아 불안감을 해소하려는 행동이지요. 그리고 행동에 뒤따라 강화나 보상이 있기 때문에 계속해서 그 행동을 하게 됩니다.

불안 → 손가락 빨기 → 불안감 감소 (강화)

버릇은 성장하면서 엄마로부터 서서히 독립하면서 생기는 불안감을 해소하려는 방편으로 나타나는 현상입니다. 아이들의 불안한 마음은 발달상 정상적인 행동이고 독립성이 강해지면서 자연스럽게 줄어들고 사라집니다. 하지만 부정적인 생활을 지속시키는 요인이 있다면 다릅니다. 아이가 불안한 마음이 있거나, 부모가 자주 싸우는 가정, 부모의 사랑을 충분히 받지 못한 아이, 낯선 환경에서 지내야 할 때 아이는 그 전에 없던 버릇이 새롭게 나타납니다.

안정적이고 규칙적인 생활습관을 유지할 수 없다면 이러한 행동은 계속 이어지거나 성인이 된 후에도 남게 됩니다.

교정해야 할 버릇

아이들에게 흔히 나타나는 신체 버릇으로는 가만히 있지 않기, 머리 찧기, 몸 흔들기, 손가락 빨기, 손톱 물어뜯기, 이 갈기, 신체 만지기, 코 후비기, 배꼽 파기 등이 있습니다. 이 외에도 생활 속에서 느리게 행동하기, 울기, 밥투정, 험하게 잠자기, 욕, 남의 물건에 손대는 행동 등의 버릇을 보입니다. 이러한 것은 대개 아이가 교육과 훈육을 통해 커가면서 자연스레 사라질 확률이 높습니다. 유아기에 거짓말을 하는 행동이나 과장되게 말하는 것은 그 시기 아동의 발달 특징입니다. 아무 곳에나 낙서를 하는 것도 자신을 표현하는 행동 수단 중의 하나입니다.

반면에 물기, 던지기, 강한 고집, 손가락 빨기, 손톱 물어뜯기, 자위행위, 거짓말 등의 나쁜 버릇은 바르게 잡아주지 않으면 3세부터 굳어지기도 하고 없어졌다가 다시 생기기도 합니다. 어떤 버릇은 고쳐진 줄 알았는데 아이의 잠재의식에 남아 있다가 성장하면서 다시 나타나기도 합니다.

20
씻는 걸 싫어해요

"놀 때는 재빠르고 말귀도 잘 알아들으면서 씻으라고 하면 열 번을 불러도 대답을 하지 않아요. 간신히 옷을 벗기고 화장실로 끌고 가야 억지로 씻어요. 울고불고 난리가 날 때도 있어요. 씻을 때마다 정말 전쟁이에요."

물을 좋아해 하루 열 번씩 씻는 아이가 있는가 하면, 씻는 것을 극도로 싫어하는 아이도 있습니다. 여름에는 땀을 많이 흘려 자주 씻겨야 하는데 씻는 것을 거부하면 그것도 고역입니다. 강제로 씻기면 부모도 힘들고 아이도 스트레스를 받습니다. 매일 해야 하는 위생습관이라서 부모와 마찰이 생기면 아이와의 관계도 힘들어지지요.

왜 씻기를 싫어할까요? 단순히 씻는 것이 싫은 것일까요? 아이에게 씻기 싫은 이유를 물어본 적이 있나요? 아이들의 답은 참 다양합니다. 아이가 무엇 때문에 목욕을 싫어하는지 이유를 찾아야 합니다.

- 물이 뜨거워서 놀랐어요 : 목욕 때 놀랐던 경험이 있는 아이
- 목욕할 때는 움직이지 못해요 : 구속되는 상황이 싫은 아이
- 목욕탕은 미끄럽고 잘 보이지도 않고 목소리가 울려요 : 두려움을 가진 아이
- 물이 싫어요 : 피부에 닿는 물이나 거품 등이 싫은 아이, 물의 온도가 너무 뜨겁거나 너무 찼던 경험이 있는 아이
- 꾸중을 들어요 : 씻을 때 부모의 강압적 행동을 겪은 아이
- 목욕하는 곳이 좁아요 : 공간 변화를 싫어하며, 예민한 아이
- 아파요 : 씻는 과정에서 통증을 경험한 아이

이유만 제대로 이해한다면 씻기를 즐거운 놀이로 바꿀 방법도 찾을 수 있습니다. 놀이처럼 씻기도 재미있다는 것을 경험하면 아이도 부모도 스트레스가 줄어듭니다. 그러면 아이에게 사랑스러운 말을 더 많이 하게 되겠지요.

목욕을 싫어하는 아이들의 행동은 일반적으로 비슷합니다. 가장 큰 차이점은 흥미와 즐거움 그리고 자발적으로 한다는 자유로움에 있습니다. 놀이는 자유롭지만, 목욕은 지시받기 때문에 싫은 거지요. 강압적이지 않은 상황으로 씻기에 흥미를 느끼게 할 방법을 찾아야

합니다. 생각보다 간단한 방법이 있습니다. 생각하는 패턴을 살짝만 바꿔주면 아이는 관심을 보입니다.

씻는 단계마다 재미있는 이름 붙이기

씻기의 절차를 단계화해서 말해주세요. "씻으러 가자"와 "비누 놀이 하러 가자(거품 만들기 놀이 하러 가자)"라고 하였을 때 아이 입장에서는 받아들이는 느낌이 달라집니다.

아이는 상상을 자극하는 단어를 사용하면 '지시 따르기'라고 여기기보다 '말 자체에 흥미'를 가집니다. 씻기에만 해당되는 건 아닙니다. 아이와 놀 때 놀이마다 이름을 붙여보세요. 더 신나는 놀이가 될 수 있습니다. 이를테면 이불에 아이를 눕히고 얼굴만 이불 밖으로 뺀 후 말기를 하는 놀이는 '김밥 말기 놀이', 아빠가 나무가 되고 아이들이 매달리는 놀이는 '나무 타기 놀이', 누워 있는 아빠 배 위에 눕기 놀이는 '햄버거 만들기'처럼 놀이에 재미있는 이름을 붙이면 아이들은 더 흥미를 보입니다.

씻기 싫어하는 아이에게도 같은 방법으로 씻기에 호기심을 갖게 할 수 있습니다. 씻는 단계마다 이름을 붙이는 겁니다. 아이들은 이름을 듣고 상상을 하면서 씻기에 흥미를 보입니다.

- 비 만들기 방(샤워기가 있는 욕실)에 오늘은 어떤 (장난감) 친구들

이 와 있나?

- (비누 거품으로) 구름 만들기
- 배에 (비누 거품으로) 구름 만들어 붙이기
- (샤워기로) 비 뿌리기

씻기의 시작과 끝을 몸으로 익히기

몸이 씻기의 시작과 끝에 익숙해지도록 합니다. 놀려고 준비하는 순간부터 집에 돌아와 씻고 수건으로 물기를 닦는 것까지가 모두 놀이의 과정이라는 것을 아이가 알도록 습관을 들입니다. 놀이(외출) 후 씻기가 마무리라는 것이 익숙해지도록 항상 '놀이 후 씻기'까지를 놀이에 넣어주세요. 반복할수록 자연스럽게 행동으로 옮깁니다.

스마트폰 알람을 사용해 일정한 시간에 씻고 하루의 맨 마지막 정리는 씻기라는 것을 알려주는 것도 좋습니다.

아이와 함께 목욕하기

아이와 목욕을 함께 합니다. 아이만 씻기기보다 부모와 같이 씻기를 권합니다. 아이들은 모방하려는 심리가 강합니다. 그리고 다른 사람보다 먼저 하거나 이기려고 더 열심히 하는 경향이 있습니다. 잘 안 먹는 음식을 친구가 먹는 것을 본다거나, 선생님에게 칭찬을 듣는 친구를 보고 나면 그 전보다 잘 먹는 것을 관찰할 수 있습니다.

씻기도 마찬가지입니다. 부모가 함께 아이와 씻으면서 비누 거품도 만들고 손이 닿지 않는 등 부분은 서로 비누칠도 해줍니다. 도움을 주고받으며 고마움과 칭찬을 표현해주세요. 함께 씻으면 아이는 강압적 느낌을 훨씬 덜 받습니다. 아이는 부모와 같은 활동을 할 때 안정감을 느낍니다.

씻기 전후 할 일을 미리 알려주기

씻기 전과 씻고 난 후 할 수 있는 활동도 미리 이야기를 해주세요. 아이가 좋아하는 활동이면 좋습니다. "씻고 장난감 정리해"라는 부모의 말 때문에 씻는 것을 싫어하는 아이도 있습니다. 빨리 씻고 바로 정리를 해야 하는 게 싫어서 씻는 시간을 최대한 늦추려고 하지요. 이럴 때는 씻고 나서 할 수 있는 일이 아이가 좋아하는 것이어야 합니다. 빨리 씻고 나면 좋아하는 것을 할 수 있다는 기대감에 아이는 씻기가 즐거워집니다.

씻는 동안 즐길 수 있는 놀이 찾기

씻을 때 아이가 좋아하는 음악을 들려주세요. 씻기 싫다는 생각이 음악을 통해 줄어들 수 있습니다. 장난감이나 목욕용 물감을 이용한 놀이, 목욕용 젤리를 활용한 물놀이, 캐릭터 스티커 붙여주기, 타일에 그림 그리기, 모양을 내어 오린 검은 비닐을 벽에 붙이기, 구멍 낸 비닐에 물 담기, 얼음 잡기 등의 놀이를 활용해보세요. 씻는 활동에 즐거움이 더해집니다. 절대로 강요하지 마세요. 그러면 잘하던 행동도 해야 할 일도 하기 싫어지게 됩니다.

55555 손 씻기 놀이

손 씻기를 싫어하는 아이에게 무조건 씻으라고만 할 것이 아니라, 잘 씻는 방법도 가르쳐야 합니다. 아이에게 '오오오오오(55555)'로 가르치면 따라 하는 재미도 있고, 기억하기도 쉽습니다. 여기서 5는 손 씻는 다섯 단계를 각각 5초씩 하는 것을 말합니다.

손에 물 묻히기 5초

비누칠하기 5초

손 비비기 5초

씻어내기 5초

수건 닦기 5초

하루아침에 만들어지지도 않고 쉽게 고쳐지지도 않는 게 습관이지요. 연습이 필요하고 반복이 중요합니다. 아이에게 시간을 주세요. 인생의 큰 힘이 되는 좋은 습관은 부모가 만들어줄 수 있습니다.

21
잠을 잘 안 자요

자야 할 시간이 지났는데도 잠을 자지 않고 보채는 아이가 있습니다. 왜 그럴까요? 어떻게 하면 잘 재울 수 있을까요?

아이의 수면시간은 커가면서 짧아집니다. 24개월의 아이는 하루에 보통 13시간, 36개월이 되면 12시간, 48개월 정도면 11시간 30분 정도가 적정수면 시간입니다.

우리 몸에는 신체 리듬이 있습니다. 예를 들면 심장박동, 호흡, 장운동, 수면 등입니다. 그중에서도 '수면'은 우리가 분명히 느낄 수 있는 신체 리듬입니다. 신체 리듬이 깨질 때 나타나는 대표적 증상이 '불면증'입니다. 수면은 우리 몸에서 중요한 역할을 하지요. 하루의 피로를 풀고 안정하는 시간이기도 하고, 잘 알려진 대로 잠자는 동안 호르몬이 분비되어 뇌 기능을 회복하고 낮 동안에 있었던 불쾌한 일이나 불안한 감정도 정화됩니다. 성장기 아동은 수면 중 성장호르몬 분비가 왕성해 신체 발달에도 영향을 미칩니다.

특히 영유아기 때의 수면은 뇌 발달에 중요한 역할을 합니다. 수면 부족이 있는 경우 일상생활에 지장이 생겨 스트레스를 받습니다. 스트레스를 받으면 아드레날린이 분비되며 활동량이 많아집니다. 잠을 충분히 자지 못한 날 아이들이 정신없이 움직이는 것은 흥분을 유도하는 아드레날린이 과다 분비됐기 때문입니다.

이 같은 불면이 반복되면, 만성적 스트레스로 뇌가 정상적으로 발달하지 못해 호르몬이 제대로 분비되지 않게 됩니다. 필요한 성장호르몬에도 영향을 미칩니다. 뼈, 연골, 근육 등의 발달에 관여하는 두뇌는 잠을 자는 동안 발달하고 성장하기 때문에 아이들에게 숙면은 매우 중요합니다. 따라서 잠을 잘 자는 것만으로도 아이의 건강이 좋아집니다. 잠만 푹 자고 나도 다음 날 몸 상태가 좋습니다.

아이가 잠을 못 자고 보채면 잠을 정말 못 자는 것인지, 안 자는 것인지를 잘 파악해서 아이가 잘 잘 수 있도록 해주어야 합니다. 아이의 불면은 특별한 신호일 수 있습니다.

아이의 수면 환경이나 생활습관, 부모의 생활이 아이의 수면에 영향을 미치지는 않는지 살펴보기 바랍니다. 민감한 아이는 생각과 활동 들이 잠드는 것을 방해하기 때문에 작은 사건에도 잠을 청하기 어려운 경우가 많습니다. 환경적인 요인과 심리적 요인, 건강상의 문제가 있어서 아이가 잠을 자지 않으려고 하거나 자더라도 깊게 잠들지 못하는 것일 수 있습니다. 우리 아이가 어디에 해당하는지 잘 관찰한 후 원인을 찾아 해결해야 합니다.

환경적인 요인

수면 환경

- TV가 아이를 정신적으로 자극하지 않는가?
- 첨가물이 든 음료수를 자주 마시는가?
- 낮 동안의 신체 활동(놀이 등)은 잘하고 있는가?
- 잠자리는 쾌적한가?

생활습관

- 잠자리에 들기 전에 음식을 먹는가?
- 밤에 외출을 자주 하는가?
- 잠자리에 들 시간에 주변에 소음은 없는가?
- 규칙적인 생활습관(자는 시간, 깨는 시간 등)을 유지하고 있는가?
- 귀가가 늦는 부모를 기다리는가?
- 잠이 온다고 할 때까지 그냥 두는가?

심리적 요인

심리적인 요인으로는 불안감, 예민한 성격, 상상력 발달, 악몽 등이 있습니다. 특히 밤에 느끼는 공포와 악몽은 대부분 잠자기 전 경험과 관련이 많습니다. 잠자기 직전의 TV 프로그램 시청은 악몽을 꾸게 할 수도 있으므로 폭력적이거나 불안감을 주는 프로그램은 보지 않도록 합니다. 또 꾸중을 들었거나, 친구와 다투었거나, 부부싸움을 목격한 날에도 잠을 잘 자지 못합니다. 아이와 대화하고 가능한 한 편안한 마음으로 잘 수 있도록 아이를 안아주고 간단한 마사지를 하거나 아이의 이야기를 곁에서 들어주는 것이 좋습니다.

평소에 부모와 떨어져서 잘 자던 아이도 심리적인 압박을 많이 받으면 부모와 함께 자려고 투정을 부리기도 합니다. 이럴 때 기꺼이 함께 있어 주는 것이 아이에게 도움이 됩니다. 부모가 함께 있는 시간이 적은 아이는 잠자는 동안이라도 부모의 사랑을 확인하고 보호받는 느낌을 충족하기 위해 부모와 함께 자고 싶어 합니다. 이때 아이와 엄마만 함께 자기보다 부모가 함께 자는 것이 더 좋습니다. 매일 같이 자는 것이 힘들다면 일주일에 한 번이라도 공동의 잠자리를 마련해서 온 가족이 누워 뒹굴고 이야기하며 즐겁게 잠드는 환경을 만들어보세요. 분리불안이 있는 아이는 엄마가 없으면 불안을 느끼고 잠을 자지 않으려고 합니다. 아이가 아침에 잠에서 깨어났을 때 엄마가 옆에 있는 모습을 볼 수 있도록 곁에 있어 주세요.

건강상의 문제

수면호흡 장애나 하지 불안증 등 건강상의 이유로 잠을 잘 자지 못하는 경우도 있습니다. 아이에게 나타날 수 있는 대표적인 증상은 야뇨증과 야경증입니다.

야뇨증

가장 대표적인 수면 문제로는 소아 야뇨증이 있습니다. 대개 3세 전후에 소변을 가리지만 그보다 늦는 아이도 있습니다. 소아 야뇨증은 만 5세 이후의 아이들이 밤에 잠을 잘 때 소변 조절을 하지 못하는 증상입니다. 야뇨증은 아이가 잠결에 무의식중 배뇨를 하는 증상입니다. 남자아이에게서는 5%, 여자아이에게서는 3% 정도 나타나지만 아주 드물게는 청소년기에도 야뇨 증상을 보이기도 합니다. 일주일에 2회 이상 잠결에 배뇨를 한다면 야뇨증을 의심할 수 있습니다. 전문가의 도움을 받길 권합니다.

야경증

야경증은 잠든 지 한두 시간 후에 일어나는 수면장애로, 대체로 미취학 아동에게서 발생합니다. 갑자기 잠에서 깨어 비명을 지르며 공황 상태를 보입니다. 악몽에 놀라 그것을 어떤 행동으로 나타내 보이는 것으로, 몽유병과 잠꼬대 등의 증상입니다. 가벼운 야경 증상은 병으로 보지 않습니다. 성장 과정의 일부로 보며 정서나 성격에 문제를 일으키지 않습니다.

아이들의 1~5%에서 나타나는 비교적 흔한 증상으로 스트레스, 정서 불안, 휴식 부족, 고열 등이 원인입니다. 아이가 야경 증상을 보일 때는 부모가 달래도 반응을 보이지 않는 경우가 많습니다. 이럴 때 아이를 도울 수 있는 방법 몇 가지를 소개하겠습니다.

- 자다가 갑자기 깼을 때는 의식이 선명하지 않으므로 주변 물건으로 인해 다치지 않게 하는 것이 중요합니다.
- 큰소리를 내서 아이를 자극하는 것보다 주변 환경을 조용하게 만들고 스스로 감정이 정리될 때까지 기다려줍니다.
- 무리하게 아이의 손을 끌거나 끌어안지 않습니다.
- 야경 증상이 3개월 이상 지속되거나 증세가 빈번해지고 강도가 심해진다면 전문의의 도움을 받아야 합니다.

숙면을 위한 준비

- 재우기 전에 방 분위기를 조용하게 하고, 온도는 22~23℃, 습도는 40~60%에 조명은 어둡게 합니다.
- 잠들기 한두 시간 전부터는 지나치게 흥분하지 않도록 TV나 게임기를 끄고 격렬한 놀이도 삼갑니다.
- 잠자리 주변에 호기심을 끌 만한 물건을 두지 않습니다.

- 아이의 건강을 살펴봅니다. 야경증, 야뇨증, 코골이, 알레르기 등 아이의 수면을 방해하는 건강상의 문제가 있지는 않은지 평소에 잘 살펴봅니다.
- 가족 외의 다른 사람이 같이 잠을 잘 때는 아이가 그 사람에게 호기심을 많이 가지거나 불안해하므로 엄마 주변에서 잠을 재우는 게 좋습니다.
- 집이 아닌 다른 장소에서 잠을 잘 때 불안해하는 경우 아이 곁에 엄마가 같이 있어 주는 것이 좋습니다.

22
탄산음료를 못 끊겠어요

아이마다 좋아하는 음식이 있습니다. 씹는 느낌을 좋아하는 아이, 마시는 것을 좋아하는 아이, 딱딱한 것을 좋아하는 아이, 얼음 아이스크림을 좋아하는 아이 등 종류도 다양하지요. 대체로 아이가 좋아하는 음식을 보면 단 음식이 많습니다.

달지 않은 물을 마시다가 어느 순간 단 음료를 마시면 아이들은 그 신기한 맛을 잊지 못하지요. 이런 단맛(설탕)은 중독성이 있어서 뇌에서 계속 당 성분을 요구합니다. 설탕이 든 음료는 아이의 행동 문제나 뇌 발달, 영양소 결핍, 학습의 어려움, 우울감, 집중력 부족, 비만, 변덕스러운 감정을 유발합니다. 게다가 탄산음료는 설탕뿐 아니라 산성도가 강해서 치아 손상으로 충치가 쉽게 생기게 합니다. 물론 주스도 충치의 원인이 되기도 하지만 탄산음료는 자극이 강해 이를 더 부식시킵니다.

탄산음료는 열량은 높고 영양소는 적은 식품으로 소아 비만의 직접적 원인으로 지목되고 있습니다. 당을 너무 많이 먹으면 당분이 지방으로 바뀌기 때문입니다. 탄산음료의 중독성이 강한 단맛과 탄산이 주는 톡 쏘는 맛은 다른 음료로 대체하기가 어렵습니다. 어릴 적부터 탄산음료에 입맛이 길들면 커가면서 끊기 정말 어렵습니다. 시중 어디에서나 눈에 띄고 구매도 쉬워서 아이 스스로 제어하기도 어렵습니다. 어떻게 하면 아이의 탄산음료를 끊을 수 있을까요?

 탄산음료를 끊기 위한 가이드라인

눈앞에서 치우기

일단 탄산음료가 눈앞에 보이지 않아야 합니다. 냉장고를 열었을 때 탄산음료가 있다면 아이는 달라고 조르고 떼를 씁니다. 특히 탄산음료를 좋아해 많이 마시고 긍정적 경험이 있는 아이들은 탄산음료가 눈앞에 보이면 더 강하게 요구하지요. 하지만 아이들은 눈앞에 보이지 않으면 찾는 것도 덜합니다. 탄산음료는 아이의 눈에 띄지 않도록 집 안에서 모두 치워주세요.

아이가 보는 앞에서 생수 마시기

부모가 탄산음료를 좋아하는 경우 아이한테 음료를 주는 경우가 많습니다. 부모부터 자제하는 것이 필요합니다. 아이가 보는 앞에서는 음료 대신 물을 맛있게 마시기 바랍니다.

음료 판매대에 아이와 가지 않기

마트에서 음료 판매대에 오래 머물지 않습니다. 미리 생각한 음료만 담고 다른 장을 보도록 합니다. 음료 광고도 보지 않도록 신경써야 합니다.

습관적 행동 없애기

생활 속의 무의식적인 습관을 돌아봐야 합니다. 고깃집에 가면 탄산음료를 주문한다거나 슈퍼에 따라갔을 때 아이가 좋아하니까 사주는 일이 없어야 합니다. 햄버거나 피자를 먹을 때 꼭 탄산음료를 마셔야 할 필요는 없습니다.

일관적인 태도 유지하기

종종 아이를 달래기 위해서 준다거나, 칭찬받을 일에 보상으로 주어서도 안 됩니다. 달래기 위해서 아이가 원하는 탄산음료를 사주면 이후 어려움에 봉착하게 됩니다. 일관성이 없는 부모의 태도를 아이가 아는 것이지요. '이 정도 짜증을 내면 내가 원하는 것을 얻을 수 있어!'라고 생각하고 떼를 씁니다. 외출 시 아이가 탄산음료를 찾을 상황이라면 미리 다른 음료를 준비해 갑니다. 탄산음료 대신 물을 마시는 습관을 들이는 것이 가장 좋은 방법입니다.

탄산음료를 달라고 떼쓸 때 어떻게 해야 할까?

단호해지기

탄산음료에 길들어 있다면 힘들더라도 단호하게 주지 말아야 합니다. 불특정하게 사달라고 조를 수 있습니다. 이럴 때를 대비해 아이가 마실 수 있는 다른 음료를 정해 대체해야 합니다.

음료는 아이가 원할 때 사 주는 것이 아니라 미리 약속된 음료를 마실 것이며 특별한 경우에만 마실 수 있다는 것을 알려줍니다.

아이 마음 공감하기

아직 어린아이가 떼를 쓴다면 안아주고 토닥여 주시기 바랍니다. 참는 게 힘들다는 것을 엄마도 이해한다는 걸 보여주세요. 먹고 싶은 것을 못 먹게 하는 게 미안하고 측은한 마음이 들어 '이번 딱 한 번만' 하는 마음으로 사 주기도 하지만 이러한 행동은 아이의 뇌를 자극하고 더 강한 행동을 유발합니다.

아이에게 화를 내지 말고 충분히 공감을 표현하되 탄산음료 대신

물을 주세요. 그리고 다른 가족에게도 협조를 부탁하세요. 할머니 할아버지께도 미리 말씀을 드려야 합니다.

식당에서는 탄산음료를 대부분 팔고 있습니다. 아이가 외식을 할 때 당연히 주문할 수 있다는 여지를 주지 않아야 합니다. 조금 귀찮더라도 아이가 마실 어린이용 음료를 챙겨 다니는 게 좋습니다.

물로는 도저히 안 될 때의 음료 선택 방법

어쩔 수 없이 음료를 사야 할 때는 음료의 성분을 확인하고 액상과당 대신 올리고당이나 자일리톨, 스테비아가 첨가된 음료를 선택합니다. 그리고 음료를 마신 다음에는 꼭 양치를 시킵니다. 양치가 어려우면 맹물로라도 입을 헹구도록 습관을 들입니다. 그리고 정해진 양(하루 200㎖) 이상은 먹이지 않습니다. 아이 음료는 개별 포장으로 된 것을 사서 아이가 한 병을 마신 후 '다 마셨다'라는 생각이 들도록 하는 것이 좋습니다. 가격 면에서야 큰 병 하나가 경제적일 수 있지만, 아이가 음료가 더 있다는 것을 알고서 더 달라고 조를 수 있습니다.

모유 수유 관련 연구에서는 모유 수유를 짧게 한 아이는 그렇지 않은 아이에 비해 6세경 탄산음료를 두 배 더 마신다는 결과가 있습니다. 영유아기 때의 식습관이 중요한 이유는 이 시기의 입맛이 성인이 된 후에도 계속되고 건강에 영향을 미치기 때문입니다.

영유아기의 강한 기억은 성장하면서 연속적으로 표출됩니다. 아이가 원한다고 들어주면 아이는 더 강한 집착과 떼를 쓰게 됩니다. 한동안은 힘들어도 적절한 시기에 식습관을 조절하는 연습을 해주세요.

23
아침마다 전쟁이에요

"저도 출근 준비를 해야 하는데, 아침마다 아이가 일어나기 힘들어하고, 그런 아이를 씻기고 먹이고 옷 입히고 어린이집에 보내는 일은 정말 한바탕 전쟁을 치르는 느낌이에요."

아침 준비하는 중에 갑자기 어린이집에 다니는 아이의 준비물이 생각납니다. 어떻게 하면 좋을지 마음이 급해집니다. 지금 빨리 사러 나가야 할지, 전화로 다른 부모에게 부탁할지 고민하게 되지요. 신기하게도 부모가 바빠지면 아이는 잘하던 행동도 하지 않고 딴짓을 합니다.

엄마의 바쁜 틈, 한눈파는 엄마의 행동을 금세 눈치채고 자기에게 관심이 적어지는 것을 알기 때문이지요. 부모 마음은 조급한데 아이 행동이 느리면 바쁜 엄마를 위해 안 도와준다고 자신도 모르게 짜증을 내게 됩니다.

아침이면 반복되는 이런 신경전을 하지 않기 위해서는 전날 저녁 시간에 다음 날 아침 상황을 미리 준비하는 습관이 필요합니다.

잠자리에 들기 전에 다음 날 준비물 챙기기

잠자리에 들기 전에 귀찮고 피곤해도 미루지 말고 아이와 함께 다음 날 준비물을 가방에 챙겨놓습니다. 전날 저녁 시간을 활용하는 건 아이에게도 준비하는 습관을 키워줍니다.

그리고 잠은 정해진 시간에 재웁니다. 잠자는 시간이 늦어지면 다음 날 아침에는 아직 잠이 덜 깬 아이를 깨우느라 아이도 엄마도 지칩니다. 특별한 일정이 있지 않은 한, 같은 시간대에 자고 같은 시간에 일어나는 습관을 들여야 합니다.

잠을 잘 자지 못하는 아이의 경우 잠들기 편한 물리적인 환경 외에도 부모도 함께 잠드는 모습을 보여줄 필요가 있습니다. 특히 잠들기 전에 아이가 장난을 건다면 그냥 모른 척하고 아이가 잠들 수 있는 분위기로 바꾸어야 합니다. 잠자는 시간이 습관화되면 혼자서도 잘 수 있습니다.

아침에는 아이와 함께 씻기

아침 시간은 바쁘다 보니 아이를 더 재촉하게 됩니다. 하지만 평소에 습관을 들여두면 바쁜 아침 시간을 좀 더 여유롭게 보낼 수 있습니다. 아침에 해야 할 활동은 부모와 함께 합니다. 아이 혼자서 하기보다는 가능하다면 이 닦기나 옷 입기도 함께 하고 아침 식사는 될 수 있는 대로 함께 합니다. 아이들은 혼자서 하라고 할 때보다 누군가와 함께 할 때 더 적극적입니다. 특히 여럿이 같은 활동을 할 때 군중심리와 모방 효과가 발휘됩니다. '나, 이만큼 잘해'라고 보여주려는 마음이 커져 더욱 열심히 하지요. 혼자서 할 때는 자랑할 곳이 없어 다른 데 신경을 쓰게 되는 것입니다.

수도꼭지를 틀어 손을 씻고 다 씻은 후 물을 잠그는 모습을 보여주면 아이는 혼자서도 쉽게 따라 할 수 있습니다. 수건에 닦는 것도 손이 젖어 있어서 자연스럽게 수건을 찾아 닦으려고 합니다. 어렵지 않게 가르칠 수 있는 행동이지요. 씻기까지는 잘하는데 정리가 잘 안 되는 아이에게는 수건걸이 아래 아이 눈높이 위치에 예쁘게 걸려 있는 수건 사진을 한 장 붙여둡니다. 그리고 부모 행동을 모방하는 아이가 많으니 교육을 위해서 부모 먼저 씻고 수건으로 닦고 제자리에 놓는 모습을 보여주면 좋습니다. 수도꼭지를 틀고 물을 잠가야 하는 것과 같이 시각적 환경을 만들어놓는 것이지요. 어느 정도 습관이 되면 부모는 자연스럽게 빠져나올 수 있습니다. 시간이 부족한 아침에 씻기 습관이 형성되어 있으면 부모 손이 덜 가고 많은 말을 하지 않아도 아이가 혼자 알아서 할 수 있어 시간이 단축됩니다.

역할극 놀이로 늦지 않는 습관 들이기

어린이집에 자주 늦는 아이는 자신이 늦은 것에 대해 별다른 인지를 하지 못합니다. 인형을 가지고 역할극을 해봅니다. 어린이집에서 수업하는 친구들의 모습을 인형들로 보여줍니다. 자기를 기다리며 걱정하는 선생님의 모습도 보여주고요. 역할극을 통해 동시간에 일어나는 다른 상황, 즉 친구나 부모, 친구들의 마음을 간접적으로 느끼게 할 수 있습니다. 아이는 제삼자 입장에서 자신이 한 행동과 비교 관찰하며 어떤 행동이 올바른지 스스로 생각하고 행동을 조절합니다.

24
아이가 말을 더듬어요

"아이가 무슨 말을 하려고 할 때마다 '음…, 어…, 저…, 그…' 라는 말부터 하고 한참을 더듬어요. 아이가 무슨 말을 하고 싶어 하는지 모르겠어요. 어떨 때는 기다리는 게 답답하기도 하고요."

아이가 말을 더듬어 고민인가요? 말을 쉽게 잇지 못하고 매번 "음…, 어…, 저…, 그…" 같은 말을 반복하며 힘들게 설명하는 아이로 고민하는 부모가 있습니다.

아이는 자라면서 부모가 의식하건 하지 못하건 말을 더듬는 시기를 거칩니다. 보통 2~7세에 언어능력이 폭발적으로 증가하는데 말더듬는 행동은 바로 이 시기에 나타나는 자연스러운 현상입니다. 어휘력과 표현력이 늘어나려면 뇌에 저장된 단어도 많아져야 합니다. 스펀지처럼 아이가 주변의 단어를 모두 흡수한다고 해도 상황에 맞는 단어를 머릿속에서 선택해 이를 조합하고 남에게 설명(발화)하기까지 약간의 시간 차가 생깁니다. 이럴 때 보통 말더듬 증상이 나타납니다.

말은 더듬지 않더라도 '어, 저, 그, 음' 등과 같은 말을 습관적으로 사용하는 아이도 있습니다. 심해지면 말더듬증으로 오해해 문제가 있는 것처럼 보이는데요, 이는 발달기상에 일어나는 정상적인 현상입니다.

정상적인 말더듬은 누구에게나 일어나며 시간이 지나면 자연스럽게 사라지지만, 종종 악화되는 경우도 있습니다. 정상적인 말더듬 시기에 있는 아이에게 고쳐야 한다고 자주 지적을 하면 병리적 말더듬증으로 상태가 나빠질 수 있습니다. 유전적인 부분도 있지만 부모의 반응이 말더듬증을 심하게 할 수도 있습니다. 그렇다면 아이가 말을 더듬고 있다면 어떻게 해야 할까요?

- 아이가 말을 시작하면 중간에 끊지 말고 끝까지 들어줍니다.
- 아이의 말에 대해 지적을 하지 않습니다.
- 대신해서 말해주지 않습니다.
- 답답하다는 표정을 짓지 않으며, 아이가 한 말을 가지고 흉내 내며 놀리지 않습니다.

- 말더듬증은 심리적인 문제로도 나타날 수 있으므로 스트레스를 줄여줍니다.
- 천천히 말하라고 강조하지 않습니다.
- 아이가 부르면 가능한 한 바로 대답합니다. 피드백이 느릴 경우 아이는 반복적으로 부르게 되고 말더듬증이 더 심해질 수 있습니다.
- 아이와의 활동은 조금 여유롭게 합니다.
- 갑작스러운 환경 변화를 주지 않도록 배려합니다.

요약하면, '아이의 말더듬증에 신경을 쓰지 않는 것'이 치료법입니다. 그냥 두면 자연스럽게 사라지기 때문입니다. 하지만 첫말을 반복하거나 길게 연장해서 말하는 것이 6개월 이상 지속되고 심해진다면 언어치료사나 심리치료사 상담이 필요합니다. 필요에 따라서는 치료를 해야 할 수도 있습니다. 이때도 부모는 아이의 말을 고치려 들지 말고 위의 노력을 계속해주세요. 말더듬증 치료의 기본은 편안한 환경, 심리적 안정을 유지해주는 것입니다.

아이를 키우면서 아이에게 적극적으로 반응하는 것이 좋지만, 때로는 재촉하지 않고 기다리는 인내도 필요합니다.

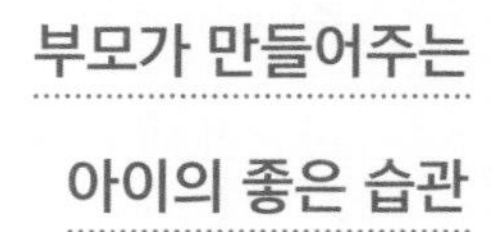

습관은 여러 번 되풀이하여 저절로 몸에 익히고 굳어진 행동입니다. '세 살 버릇 여든까지 간다'는 속담처럼 어릴 적 습관은 성인이 된 후로도 지속되어 고치기가 어렵습니다. 나쁜 습관을 없애는 것도 중요하지만 어릴 때 부모가 좋은 습관을 들여주는 것이 더 중요합니다.

아이의 행동 중에서 어느 정도면 습관이라고 할까요? 적어도 한 달 이상 반복적으로 수차례 나타나는 행동이 있다면 습관이 시작되었다고 볼 수 있습니다.

그렇다면 아이에게 '좋은 습관'은 어떻게 들일까요? 아이의 좋은 습관은 부모의 행동과 밀접한 관계가 있습니다. 발달 과정에서 빼놓을 수 없는 학습 과정이 모방입니다. 부모가 좋은 습관을 보이면 아이는 그대로 배웁니다. 예를 들어 식사 때 TV를 켜놓는 가정의 아이는 밥 먹으며 TV 보는 것을 당연하게 여깁니다. 이것이 습관으로 자리 잡히면 TV가 꺼져 있으면 허전함을 느끼고 식사에 집중하지 못합니다.

습관을 들이기에 적당한 시기는 언제일까요? 돌부터 가능하지만 활동량이 부쩍 늘어나고 말의 의미를 이해하는 언어 능력과 지시를 통한 훈육이 가능해지는 24개월 이후가 좋습니다. 무리한 습관 만들기보다 처음 하는 행동, 첫 환경에서 어떻게 행동하는지를 알려주는 데 초점을 맞추세요. 예컨대 음식은 식탁에서 먹기, 차에 타면 카시트에 앉기 등 소소한 것부터 해나갑니다. 식탁 앞에서 음식을 먹기 전에 가족 다 같이 "하나, 둘, 셋, 잘 먹겠습니다!"라는 인사를 합니다. 외출했다가 돌아와서는 신발장 바닥에 그려진 신발 모양에 신발을 맞춰가며 놓는 놀이도 정리정돈의 습관을 키울 수 있습니다.

부모 뜻대로 아이에게 습관이 잘 훈육되지 않으면 부모는 실망을 하기도 하고 조급증이 일기도 합니다. 그 결과 아이를 야단치게 되지요. 그런 날이면 밤에 잠든 아이를 보며 너무 심했던 것은 아닌지 자책도 하지요. 심한 경우 육아에 대한 스트레스로 우울해지기도 합니다. 적당한 감정 조절이 필요합니다.

아이가 잘 따라오지 못한다면 혹시 아이의 발달 수준을 고려하지 않은 채 부모의 욕심만 앞서고 있는 것은 아닌지 아이의 상황을 다시 살펴보기 바랍니다. 조급함을 버리고 발달 과정에 따라 시기에 맞는 습관을 들이도록 훈육해야 합니다.

"그래 누가 이기나 해보자!"처럼 상처를 주며 힘 겨루는 상황을 만들지 않도록 합니다. 목표를 너무 높게 잡지 말고 천천히 좋은 습관을 만들어주세요.

일찍 일어나기

아이의 수면 패턴이 어른과 비슷해지는 만 3세 이후 시작합니다. 가족이 잠자고 일어나는 생체 리듬을 함께 맞추면 좋습니다.

- 일찍 잠자리에 들기
- 깨어 있는 낮시간에 적극적으로 놀이를 하기
- 낮잠을 줄이거나 3시간 이상 재우지 않기
- 잠드는 시간 정해놓기 (목욕 후, 책 읽기 후 바로 취침)
- 숙면 취하기 (미리 화장실 다녀오기, 잠들기 전 과식 않기)
- 깨어나는 시간에 맞춘 행동 (스킨십, 좋아하는 노래 들려주기)

책 읽기

돌 이전에는 색감이 풍부하고 그림이 많고 감각적이며 안전한 책을 선택하여 책에 친근감을 갖게 합니다.

- 아이 주변에 책을 여러 권 펼쳐놓고 자유롭게 손으로 만지고 놀도록 하기

- 아이가 옹알이를 하면 대답해주고 이야기하기

조금 더 자라 아이가 혼자서만 책을 읽는다면 '가족 독서시간'을 정한 뒤 가족이 다 함께 책을 읽고, 책의 내용에 따라 각자 역할을 맡아 이야기를 나눠보는 것도 좋습니다.

정리정돈

돌 이후 부모는 사용한 물건은 정해진 위치에 정리한다는 것을 꾸준히 보여줍니다. '정리' 개념을 알지는 못해도 장난감 놀이를 한 다음에는 제자리에 가져다 둔다는 것을 기억합니다. 정리는 아이의 산만함을 줄이고 이후 학습능력을 향상시키는 데 도움이 됩니다.

- 생후 18개월 이후에는 함께 노래를 부르며 놀이처럼 정리정돈하기
- 36개월 이후가 되면 아이 스스로 정리하고, 부모는 곁에서 조금씩 도와주는 역할 하기
- "이 장난감 어디에 있었을까요?" 질문을 통해 정리 유도하기
- 잘할 때는 반드시 칭찬하기

공손한 말

말에 관한 교정은 친교 생활이 많아지는 36개월에 시작합니다. 언

어 발달은 사회성 발달과도 관련이 있습니다. 어른에게 불손하게 말할 때는 바로 지적을 해주어 잘못임을 깨닫게 합니다.

- 부모는 할머니, 할아버지께 공손한 행동과 존댓말 쓰기
- 부부간의 일상적인 대화에서도 상냥하고 바른 말투 쓰기
- 아이에게 명령형보다 청유형으로 말하기
- 공손한 말투를 쓰면 바로 칭찬하기

저축

돈의 개념은 빠르면 4세, 평균 5세부터 알기 시작합니다. 돈의 개념보다 저축의 개념을 먼저 알게 하는 게 좋습니다. 24개월 전후에는 스스로 저금하도록 유도합니다. 아이 저금통을 마련해주고 "저금통 돈을 모아 아빠 생일선물 사 드리자"처럼 목표를 설정합니다. 저축한 돈은 특별한 목적에 맞게 사용합니다.

인사

인사는 즐거운 놀이로 시작합니다. 상황에 따른 교육은 24개월 이후에 합니다.

- 자주 접하는 아침인사, 식사인사, 아빠엄마 출근인사 가르치기
- 엄마아빠가 서로 다정하게 모범을 보여주기

- 인사 확장하기 : "아빠 다녀오세요." "아빠 멋있어요." / "잘 먹겠습니다." "맛있어요."

양치질

이가 나기 시작하는 생후 6개월부터 시작합니다. 부모가 닦아주는 시기가 오래일수록 충치도 늦게 생깁니다. 혼자서는 깨끗하게 닦지 못하므로 익숙해지기 전까지는 부모가 닦아주고 마무리합니다.

- 양치 음악 듣기
- 캐릭터 칫솔
- 함께 닦기
- 거울 보여주기
- 물고 다니지 않기
- 정해진 장소에서 닦기

옷 입기

대소근육이 어느 정도 발달한 생후 24개월 이후부터 옷 입기, 신발 신기 등 아이 스스로 하는 습관을 들입니다. 부모가 먼저 옷 입는 과정과 신발 신는 과정을 천천히 순서대로 보여줍니다. 혼자서 하기 시작하면 느긋한 마음으로 기다려줍니다.

식습관

식습관은 이유식을 시작할 때부터 꾸준히 들이도록 합니다.

- 한자리에서 먹기
- 다양한 식재료 섭취
- 식사시간 30분 넘기지 않기
- 간식도 규칙적으로 주기
- 아침 꼭 먹기
- 식탁(밥상)에서 먹기

유아기에는 부모가 지시하기보다 본인이 선택하도록 합니다. 본인이 선택하면 아이는 자발적으로 움직입니다. 아침 시간 씻고 입는 것 등은 부모가 대신해줄 수도 있지만, 밥은 본인의 의지가 있어야 먹습니다. 시간이 좀 걸리더라도 아이가 직접 '선택'하도록 유도하세요.

밥 먹으러 자리에 앉았을 때 "계란말이 먼저 먹을 거니? 김치 먼저 먹을 거니?" 혹은 "오늘 계란말이가 먼저 입에 들어갈까? 김치가 먼저 들어갈까?"라는 질문으로 아이에게 먹을 반찬을 선택하게 하는 것이죠.

아무것도 아닌 것처럼 보이지만 아이는 다르게 받아들 수 있습니다. "밥 먹어"라는 말은 지시적이라 반발감이 생겨 그냥 밥은 먹기 싫은 것이라고 느낄 수 있습니다. 따라서 밥 먹는다는 전제하에 다른 상황으로 아이의 생각을 돌리는 것입니다. 이렇게 하면 자연스럽게 부모의 지시어가 줄어들게 됩니다. 아이 수준에 맞는 단어를 선택하면 행동 변화가 쉽습니다.

물론 밥을 먹지 않을 때는 치우는 것도 방법이 될 수 있습니다만 이것은 상황을 정확히 판단한 뒤 시도해야 합니다. 밥을 먹고 싶으나 투정을 부리는 것이 확실하고, 자신의 요구를 위해 밥 안 먹는 것으로 떼(밥 먹으면 아이스크림 사 줘!)를 쓸 때나, 배고픔을 느끼게 해서 밥의 소중함을 가르치고자 할 때 등입니다. 아침에 밥을 먹지 않겠다고 했을 때 치워버리면 안 먹어도 된다는 습관이 들 수 있으므로 조심해야 합니다.

어릴 적부터 몸에 익힌 좋은 습관은 아이의 평생 건강과 대인관계, 자기 관리에 큰 영향을 미칩니다. 매일 하는 행동, 말투를 지켜보고 아이가 좋은 습관을 갖도록 차근차근 시도해보세요.

25
약 먹자고 하면 숨어버려요

"약통만 보면 벌써 울기 시작해요. 구석으로 도망치고 소리도 지르고 숨어버려요. 입을 꼭 다물고 도통 약을 먹으려 하지 않는데 어떻게 하면 아이도 저도 괴롭지 않게 약을 먹일 수 있을까요?"

참으로 고민이 많이 되는 상황입니다. 겨울철이면 감기를 달고 사는 아이는 조금만 찬 날씨에도 이불을 차내고 자면 다음 날 아침 바로 훌쩍거립니다. 병원은 주사 안 맞는다고 설득해서 어떻게 데리고 가는데, 문제는 '약 먹이기'입니다.

아이에게 무서운 태도로 약을 먹이는 부모를 종종 만납니다. 공포나 두려움을 주는 말로 아이에게 약을 먹입니다. 약 안 먹으면 누가 잡아간다느니, 무서운 동물이 나온다는 식의 협박성 말로 약을 먹이는 것은 아이의 정서에 좋지 않습니다. 억지로 한 번은 먹일 수 있을지 모르지만, 매번 약을 먹을 때마다 아이는 스트레스를 받습니다. 두려워서 먹기는 하는데 이후에는 약을 더 싫어하게 되지요. 심해지면 아파도 약 먹는 게 무서워서 아프다는 이야기를 하지 않을 수도 있고요. 조금이라도 아이에게 편하고 엄마도 수월하게 약을 먹이는 방법을 몇 가지 알려드리겠습니다.

음식과 함께 섞어 먹이기

단 음식과 함께 먹이면 아이가 잘 먹습니다. 소아용 약은 음식 문제로 부작용이 일어나는 약이 많지 않아 음식과의 궁합을 심각하게 걱정할 필요는 없습니다. 단, 우유나 자몽 주스 등과 함께 섞어 먹여서는 안 되는 약들도 있으니 예민한 아이라면 의사와 상의한 뒤 먹이는 게 안전합니다.

- 바나나 속에 알약을 넣어 먹이거나, 바나나를 으깨어 가루약을 섞어 먹입니다.
- 식빵에 잼을 바른 뒤 가루약을 뿌리고 먹입니다.
- 요구르트와 함께 먹입니다.
- 귤이나 오렌지를 갈아 섞어서 먹입니다.

• 탄산이 아닌 과일주스와 함께 먹입니다.

약 잘 먹는 모습 사진 보여주기

예전에 약을 잘 먹었던 모습이나 다른 친구가 잘 먹는 모습, 동화책 속에서 잘 먹는 곰돌이를 보여줍니다. 아픈 친구가 약을 먹고 건강한 모습을 되찾는 과정을 전후 사진으로 보여주어도 좋습니다.

꼭 먹어야 하는 이유 설명하기

약을 꼭 먹어야 하는 이유를 자세히 설명하면서 설득하면 뜻밖에 잘 먹을 수 있습니다. 말보다 매체를 이용하는 것이 수월합니다.

약병에 아이가 좋아하는 캐릭터 스티커 붙여두기

약통이나 약병에 아이가 좋아하는 캐릭터 스티커를 붙여 친근함을 주는 것도 효과가 있습니다. 약병에 붙인 스티커를 보여주면서 캐릭터 친구가 약 먹기를 권하는 대화를 하며 약을 먹일 수도 있습니다. 쓴 약의 거부감을 줄일 수 있습니다.

쓴맛을 덜 느낄 수 있는 위치로 조정하여 한 번에 먹이기

아이들의 약은 가루약을 물약에 섞어서 먹일 때가 많습니다. 이때는 혀에 약이 닿으면 쓴맛을 더 느끼기 때문에 볼 안쪽에 넣어 꿀꺽 삼키도록 합니다.

수저를 입안 깊이 넣어서 볼 부분의 3분의 2 지점에 약을 넣으면 혀의 쓴맛 느끼는 위치를 피할 수 있습니다. 쓴맛이 입안에서 퍼지지 않아 아이들이 덜 괴로워합니다. 아이가 입에 머금고 있다가 뱉어버리는 경우가 종종 있는데 이때는 물약을 쭉 짜고 아이가 꿀꺽 삼킬 때까지 약통을 빼지 않습니다.

두세 번 나누어 먹이는 것은 아이도 부모도 힘이 듭니다. 될 수 있으면 한 번에 약을 먹입니다.

도구 이용하기

약을 먹이기 편하게 되어 있는 약숟가락이나, 스포이트, 일회용 주사기, 구멍이 크게 뚫린 젖병, 짜서 먹일 수 있는 약통을 이용합니다. 이때 도구는 아이의 성장 발달에 따라 선택합니다. 유아는 스포이트, 젖병을 쓰는 아이는 젖병을 사용할 때 흘려서, 이유식을 하는 아이는 숟가락, 컵을 사용하는 아이는 작은 잔을 이용합니다.

물약은 얼려서 먹이기

물약을 잘 먹지 않는 아이에게는 얼려서 얼음과자처럼 주면 잘 먹기도 합니다. 찬 것을 피해야 하는 상황이 아니라면 약 효과에도 지장을 주지 않으니 한번 시도해볼 만합니다.

병원 놀이를 하면서 아이와 함께 약 먹기

병원 놀이를 하다가 실제로 약을 먹는 상황으로 변화를 줍니다. 인형들이 약을 먹고 부모도 약을 먹고 그다음에는 아이도 함께 먹는 상황으로 이어갑니다. 놀이를 하면서 자연스럽게 약 먹는 것으로 이어지면 아이의 거부반응이 좀 덜하지요.

미리 섞지 않고 바로 섞어 먹이기

미리 가루약을 섞어놓으면 물약의 단맛이 쓴맛이 되는 경우가 있습니다. 먹이기 직전에 섞으면 가루약이 완전히 녹지 않아 쓴맛이 덜합니다. 쓴 약은 먹이기 직전에 섞으세요.

그 외 약 먹일 때 알아야 할 상식

아이가 약을 토하면 다시 먹여야 합니다. 토하면 안 먹어도 된다는 걸 경험하면 고의로 토하거나 뱉을 수 있습니다. 너무 많이 토하면 적정한 양이 흡수되지 못해 효과가 없으므로 다시 먹여야 합니다. 심하게 토하는 경우가 잦다면 약을 조금만 더 처방해달라고 하세요. 물론 정해진 양대로 처방하지만, 아이가 못 먹을 경우가 많다는 이야기를 하면 양을 고려해서 처방해주기도 합니다.

그리고 기분이 좋을 때 설득하기가 좋습니다. 아이도 신체 리듬이 있습니다. 짜증이 나 있을 때 먹이기보다 기분이 좋을 때 먹이면 더 편안히 먹게 되지요.

증세를 호전시키기 위한 약들은 꼭 시간에 맞추어 먹일 필요는 없습니다. 먹어야 할 시간에서 두 시간 정도 지난 것은 괜찮습니다. 하지만 항생제의 경우는 약 효과가 떨어질 수 있으므로 시간을 맞추어 먹입니다.

26
아이가 길을 자주 잃어버려요

"정말 잠깐 사이였는데, 아이가 눈앞에서 사라진 거예요. 평소에 자주 길을 잃어버려서 걱정이에요."

잠시 한눈을 판 사이 아이가 사라지면 식은땀이 나고 가슴이 뜁니다. 상상만으로도 아찔합니다. 해마다 아이를 잃어버렸다는 신고가 2만 건 정도 된다고 합니다. 안타깝게도 이 중 아이를 찾지 못하는 경우도 많습니다. 가장 많이 잃어버리는 곳이 뜻밖에도 집 근처라고 합니다. 아이는 늘 다니는 동네인데 왜 길을 잃어버리는 걸까요?

아이는 다양한 상황을 접하면 한꺼번에 받아들이고 이해하는 게 어렵습니다. 동시에 두 가지 일을 하는 게 어렵습니다. 또 시각적인 자극에 매료되는 경우가 많습니다. 눈에 보이는 생소하고 신기한 환경에 순간적으로 집중하지요. 그렇게 한곳에 집중하면 다른 곳에 신경 쓰기 어렵습니다. 본인의 현재 상황을 잊는 것입니다. 부모가 아이를 신경 쓰지 못한 찰라 아이가 다른 곳에 시선을 빼앗기면 아이를 잃어버리게 됩니다.

아이는 자신의 시야에서 부모가 보이지 않고, 길을 잃고 혼자라는 것을 알게 되면 공황 상태에 빠집니다. 두려움에 울기 시작하고 부모를 찾기 위해 걸어온 경로를 벗어납니다. 자신이 무엇을 하고 있는지 모르는 상황이 발생합니다. 평소에 잘 다니던 길에서도 당황하고 상황 판단을 할 수 없어 계속해서 걸어갑니다. 부모는 아이가 왔던 길을 되돌아갔다는 생각에 반대편 길에서 찾는 상황이 발생합니다.

아이들의 시야는 어른의 허리 높이입니다. 복잡한 곳에서는 부모의 다리와 엉덩이만 보이는데 비슷한 옷차림이나 색깔에 혼란스러워집니다. 특히 오가는 사람이 많아 아이의 시야가 가려져 한 번 놓치면 아이가 부모를 찾기란 정말 어렵습니다.

이럴 때 아이는 다시 왔던 곳을 찾지 못하거나 부모가 아이를 찾으러 다른 곳으로 이동하면서 길이 엇갈리기도 합니다.

엄마가 걱정하는 상황 알려주기

혼자 할 수 있다는 자신감을 가지는 시기에는 외출했을 때 부모에게 말하지 않고 혼자 화장실을 가는 경우나, 보고 싶은 것을 혼자 돌아다니면서 보지요. 아이는 부모에게 이야기하지 않고 이동했을 때 부모가 어떤 걱정을 하는지를 모를 수 있습니다. 평소에 자신이 어디에 있는지 어디를 가는지에 대해 부모에게 왜 이야기해야 하는지 알려주세요.

아기 토끼를 잃어버린 상황 역할 놀이

아이와 엄마는 토끼 머리띠를 합니다. 그리고 아이는 킥보드 타는 흉내를 냅니다. 보이지 않는 아기 토기를 엄마가 걱정하는 것을 연출한 역할 놀이입니다.

- 어디에 갔을까 너무 걱정되는데….
- 이곳저곳을 살펴봅니다.
- 주변에 있는 나무와 책 들에도 물어봅니다.
- "혹시 아기 토끼 못 봤나요?"
- 못 봤다고 하자 엄마는 다급한 목소리로 경찰서에, 그리고 아빠한테 전화를 겁니다.
- 걱정스러운 목소리로 사라진 아기 토기 이야기를 합니다.

아이들은 놀 때 그 상황에 빠져 주변을 살피지 못합니다. 그래서 킥보드나 자전거를 타고 있을 때 부모의 시야에서 사라지는 경우가 종종 발생합니다. 시야에서 아이가 사라져 부모는 마음을 졸이지만,

조금 시간이 지나면 아이를 찾을 수 있습니다.

여기서 아이와 부모의 생각에 차이가 생깁니다. 아이는 언제나 부모가 자신을 찾아내고, 자기는 돌아가는 길을 잘 알기 때문에 찾아갈 수 있다고 생각합니다. 역할 놀이와 극 놀이의 목적은 바로 부모와 아이의 상황을 동시에 이해하는 것입니다. 또한 시각적 자극이 주어지더라도 그 자극에만 집중하지 않고 주변까지도 생각할 수 있는 훈련입니다.

아이는 자신이 사라진 시간 동안 주변에서 어떤 일이 일어났는지 잘 모릅니다. 부모가 얼마나 걱정하는지, 그 걱정에 어떻게 행동했는지는 잘 모르죠. 자신이 즐겁게 지내는 시간 동안 자신을 찾는 사람의 마음을 헤아리지 못합니다. 이런 아이들에게 역할 놀이와 극 놀이를 통해서 자신의 행동이 부모나 다른 가족에게 어떤 모습으로 비칠지 어떤 상황을 만드는지 생각할 수 있게 합니다. 이후 이야기로 설명을 해주면 역할극 놀이를 떠올리며 자신의 행동이 어떤 상황을 만드는지 깨닫게 됩니다.

아이와 함께 공원에 나가 킥보드나 자전거를 타며 놀 때 아이를 지켜보고만 있는 것이 아니라 놀이를 함께 하며 교육하는 방법도 있습니다. 아이가 킥보드나 자전거를 탈 때 앞으로 가기만 하는 것이 아니라 목표지점을 정하고 그 지점에 도착하면 부모와 하이파이브를 한 번 하고, 다른 목표지점을 정해주고 그 지점에 갔다 오면 또 부모와 하이파이브를 하는 놀이를 반복합니다.

미아 방지를 위한 3단계 연습

주변 상황에 한눈을 잘 팔아 자주 길을 잃어버리는 아이는 길을 잃어버렸을 때를 대비해 평소 가정에서 교육을 해야 합니다. 진짜 길을 잃었다고 가정하고 당황하지 않고 집을 찾을 수 있도록 3단계 연습을 합니다.

- 기다리기 : 아이든 부모든 잃어버렸다고 생각되는 그 자리에서 기다립니다.
- 생각하기 : 타인이 질문하면 침착하게 이름과 전화번호, 주소 등을 말합니다.
- 도움 요청하기 : 지나가는 어른이나 가까운 시설로 가서 길을 잃었다고 말하고 부모를 찾아달라고 도움을 요청합니다.

부모 행동 요령

- 경찰서에 미아방지 지문 등록하기
- 외출 시 아이의 위치 추적기 부착
- 아이의 이름과 보호자 연락처 등 정보를 적은 쪽지를 주머니에 넣어두기
- 외출 시 아이 사진을 습관적으로 찍어두기(옷차림 기억)

길을 자주 잃어버리는 아이 교육

- 혼자 다니지 않도록 하기
- 주소를 외우거나 전화번호 외우기
- 어린이집이나 유치원 이름 외우기
- 3단계 연습하기 (기다리기 → 생각하기 → 도움 요청하기)

길을 잃어버렸을 때, 낯선 사람을 만났을 때 도움을 요청하는 방법을 자세하게 알려줍니다. 지나가는 사람에게 길을 잃어버렸다고 이야기하고, 연락을 취할 수 있도록 부탁을 하거나 파출소로 데려다 달라고 도움을 요청하도록 알려줍니다. 주변에 사람이 없다면 편의점 같은 곳에 들어가서 도움을 요청하도록 지도합니다.

잃어버린 아이를 데리고 있는 사람은 182번이나 112로 신고 접수합니다. 미아를 보호한다는 생각에 집으로 데리고 가지 않아야 합니다. 아이가 있던 장소에서 크게 벗어나지 않도록 합니다.

아이를 잃어버렸다고 느끼면 당황한 나머지 이곳저곳 두서없이 찾아다니게 됩니다. 무턱대고 헤맬 것이 아니라 아이가 사라진 장소가 어떤 곳인지 장소의 특성에 따라 대처법을 달리합니다.

- 집 근처에서 잃어버렸다면 아이가 자주 갈 만한 곳인 놀이터, 마트, 어린이집처럼 부모와 함께 들렀던 곳을 중점적으로 찾아봅니다.

- 외부에서 아이를 쉽게 볼 수 있는 분들에게 도움을 요청합니다.
- 아이를 잃어버린 장소 주변에서 바로 찾지 못했다면 182번이나 112로 신고합니다.
- 놀이공원이나 마트처럼 폐쇄적 공간에서 5분 이내에 찾지 못했다면 바로 신고해 방송을 요청합니다.
- 거리에서는 아이가 이동할 수 있는 반경 이내를 찾아보고 안 보이면 바로 신고합니다. 아이의 인상착의를 자세하게 설명하고 가장 최근 사진을 전송합니다.

27
자꾸 종이를 찢어요

"아이가 종이를 자꾸 찢어요. 중요한 서류도 찢어서 큰일 날 뻔한 적이 있었어요."

아이가 자꾸만 종이를 찢어서 걱정하는 부모 사연입니다. 물론 부모가 보관을 잘해야 하지만 아이 손에 닿지 않도록 신경 쓰지 못할 때도 있습니다. 찢지 말라고 아무리 말해도 소용이 없습니다.

아이를 야단치거나 제재하기보다는 종이 찢는 행동을 찢어 붙이기 놀이로 발전시켜주세요. 놀이를 통해 의미 없이 찢는 것이 아니라 '찢어야 할 목적'을 만들어주는 것입니다. 찢을 수 있는 것과 찢으면 안 되는 것을 구분시킵니다. 아이가 놀이 규칙을 인지하면 찢고 싶을 때 편하게 찢을 수 있도록 시간을 정해줍니다.

이 행동은 모든 아이에게 일어나는 것도 아니며 일어나더라도 잠시일 뿐 오래 지속되지 않습니다. 그런데 이 방법이 아이한테 도저히 효과가 없다면 잡지 두 권을 주고 다 찢으라고 이야기할 수도 있습니다. 찢는 것이 재미있는 것이 아니라 힘든 일이 되어 아이가 찢기를 포기하기도 합니다.

하지만 찢는 게 습관이 될 수도 있으므로 부모는 상황을 정확하게 파악해야 합니다. 아이의 행동이 마음에 들지 않는다고 모든 행동을 반대로 해서는 안 됩니다. 밥을 많이 먹는다고 계속 먹이는 행동이나, 움직이지 않는다고 계속 앉아 있게 하는 등의 방법은 교육이 아니라 학대입니다.

밥의 양을 줄이고 싶다면 부피는 크게 보이지만 내용물이 조금 담기는 그릇을 이용하고, 움직이지 않는다면 움직임이 즐겁다는 생각이 드는 방법을 선택하셔야 합니다. 생각하는 의자나 방석도 큰소리 없이 아이의 행동에 변화를 주는 방법입니다.

28
혀를 메롱 거리며 약을 올려요

"메롱~~, 메롱~~, 메롱~~."

혀를 내밀며 계속 놀리는 아이가 있습니다. 아이들은 관심을 끌기 위해 더럽거나 좋지 않은 행동을 스스럼없이 하기도 합니다. 한두 번은 장난을 받아주지만 계속해서 이렇게 장난을 친다면 혀를 내밀 때 "혀 내밀지 마요"라고 말을 합니다.

여기서 행동이 중지되면 좋은데 그렇지 않았을 때는 이 행동에 대해서만 철저하게 무시하세요. 장난은 받아주는 상대방의 반응을 보며 하는데 장난을 받아주지 않으면 아이는 금세 흥미를 잃습니다. 하지만 계속해서 이런 행동을 반복하면 그만하라는 제지와 함께 아이의 혀를 손가락으로 살짝 밀어 입속으로 넣습니다.

하지만 그때뿐, 도망가서는 또 같은 행동을 할 수도 있습니다. 너무 자주 하고 누구한테나 버릇없이 행동해서 도저히 안 되겠다 싶을 때는 거즈를 대고 혀를 잡습니다. 아이가 혀를 내미는 것은 자기 마음이지만 혀를 집어넣는 것은 자기 뜻대로 되지 않는 벌을 주는 겁니다. 하지만 너무 세게 하면 안 되고 아이가 살짝 긴장할 정도로만 해야 합니다. 강도는 세지 않지만, 태도는 단호해야 합니다.

제 3 장

모든 것이 처음인 엄마들을 위해

- 육아, 학습 편

"현명하고 따뜻한 부모가 되고 싶지만, 어떻게 해야 할지 모르겠어요."

누구에게나 처음이 있습니다.
그리고 처음은 늘 어렵습니다.
첫 아이를 낳고 기르는 일은
삶에서 가장 어려운 일이 아닐까 합니다.
체력적으로도 정신적으로도 경제적으로도
한 아이를 키운다는 것은
큰 책임감을 느끼게 합니다.
모든 부모는 아이를 어떻게 키워야 할지 고민하고
더 좋은 방법을 찾아
아이에게 해주고 싶습니다.
아이의 마음속에서 그 답을 찾아보세요.
부모 또한 아이와 함께 성장하는 중입니다.

29
참지 못하고 그만 아이를 때렸어요

아이의 행동 때문에 매를 들어야겠다는 생각이 들 때도 있습니다. 매를 들면 안 된다는 것을 알면서도 화가 나서 혹은 정말 안 되겠다 싶어서 들기도 합니다.

매는 잘못을 뉘우치게 하는 것이 아니라 두려움을 키웁니다. 좋지 않은 것을 알면서도 들었다가 후회했다면 다시는 들지 않아야 합니다. 아이는 자신의 잘못을 이해하지 못하고 단지 매나 회초리 때문에 말을 듣거나 어른 앞에서만 눈치를 보며 행동을 고칩니다. 그러다 보면 아이는 수동적 성향을 띠게 됩니다.

사랑의 매라고 말하기도 하지만 매는 아이에게 폭력입니다. 공포이고요. 그러니 아이는 무엇을 잘못했는지를 생각하기보다 상황을 모면하려고 용서를 빌게 됩니다. 부모는 다른 방법을 몰라서 매를 들 수 있습니다. 부모 역시 그렇게 커왔기에 똑같은 훈육을 할 수도 있고, 가장 효과적으로 말을 잘 들어서 매를 선택했을 수도 있습니다.

과거 어르신들은 아이가 잘못했을 때 회초리를 직접 꺾어서 가져오라고 했습니다. 그 이유는 매 자체보다 매를 구하러 다니며 자신의 잘못을 생각하고 뉘우치는 시간을 주기 위해서였습니다. 실제로 때리는 일보다 잘못을 반성하는 시간만 갖게 하는 일이 더 많았습니다. 부모는 아이가 스스로 깨닫기를 기다렸지요.

본인의 감정을 추스르지 않고 아이를 대하는 것은 폭력입니다. 아이가 한 행동을 아이의 관점에서 생각하지 못하고 아이만 바꾸려고 하지 마세요. 아이가 그렇게 행동하는 이유를 먼저 생각하는 태도가 필요합니다. 결국 아이와의 솔직한 대화가 가장 좋은 결과를 가져옵니다.

손으로 때리는 부모

나도 모르게 손이 올라가는 경우가 있습니다. 때리고 후회를 하지요. 성인인 부모가 자신의 화를 주체하지 못해 일어나는 일입니다. 손찌검은 매보다 훨씬 좋지 않습니다. 흥분을 가라앉히는 시간이 없이 감정이 그대로 실리기 때문입니다. 그래서 다짐이 필요합니다. '아이에게 어떠한 일이 있어도 손을 대지 않는다는 것'을 약속해야 합니다. 아무리 화가 나도 아이에게 손찌검해서는 안 됩니다. 이것을 육아 법칙으로 세웁니다.

도구를 사용하는 체벌

손으로 때리는 것이 좋지 않다고 하니 자나 빗자루, 파리채, 구둣솔 등으로 체벌하는 부모가 있습니다. 그러나 이 또한 종류만 다를 뿐 폭력입니다. 아이는 체벌이 사물과 연관이 되어 그 사물을 싫어하고 특정 사물에 부정적 의미를 갖게 됩니다.

특히 매(회초리)로 아이를 협박해서는 안 됩니다. 장난감 안 치운다고 매를 들고 탁탁 치는 경우, 장난감은 치우겠지만 장난감 치우는 것이 더욱 싫어지게 됩니다. 치우는 이유가 '매'이기 때문입니다. 치우는 척하다가도 매가 사라지면 다시 딴짓을 합니다. 무엇보다 모방을 잘하는 아이들이라 동생이나 친구에게도 똑같은 행동을 합니다. 폭력이 폭력을 낳습니다. 행동을 바로잡기보다는 잘못된 버릇이 들 수 있습니다. 매(회초리)로 협박을 하는 것은 아이에게 상황만 피하면 된다는 눈치만 키워줍니다.

혼을 낸 후 아이 달래기

크게 야단을 치거나 꾸중을 한 후 아이를 바로 달래서는 안 됩니다. 아이 스스로 자신의 행동에 대해 생각할 시간이 필요합니다. 조금 큰 아이라면 혼자 방에서 생각할 수 있는 시간을 주어도 좋습니다. 하지만 잠들기 전에 서로의 마음을 이야기하고 풀어야 합니다. 서로에게 미운 감정이 들지 않도록 해야 합니다. 꾸중한 시간이 좀 지나서 아이의 마음을 들어주고 공감할 시간을 가지세요. 그리고 부모 자신의 행동도 돌아보기 바랍니다. 성급하지는 않았는지, 어른 위주로 생각한 건 아닌지, 혹시 다른 어떤 일로 화가 난 상태에서 애꿎은 아이에게 화풀이한 것은 아닌지 찬찬히 생각해봅니다.

- 무작정 부모 말을 듣지 않는다고 나무랄 것이 아니라 아이의 상황을 살펴보면서 이야기를 합니다. 열중해 있거나 놀고 있을 때 엄마가 무언가를 시킨다면 짜증을 낼 수도 있습니다. 당장 급한 일이 아니라면 아이의 상황을 살펴주는 배려가 필요합니다.
- 환경 변화를 고려합니다. 동생이 생겼다든지, 이사를 했다든지, 친하게 지내던 친구가 멀리 이사를 갔다든지 하는 달라진 환경으로 인해 심리적인 변화가 일어날 수 있습니다.
- 바로 행동에 옮기지 않습니다. 화가 나면 왜 화를 내는지 잠시 멈추고 생각하는 시간을 가져야 합니다. 화가 날 때 손찌검으로 이어지는 것은 가장 나쁜 습관입니다. 화가 나면 일단 자제하고 생각하는 것이 중요합니다. 하나둘셋, 숫자를 세면서 감정을 조절하고 생각합니다.
- 아이의 행동을 부모의 기준에서만 생각하고 아이의 잘못이라고

단정하지 않습니다. 아이의 행동은 아이가 무엇인가가 필요해서 한 행동이라고 생각하기 바랍니다. 화를 돋우기 위해 아이가 일부러 하는 행동이라는 생각을 하면 오히려 더 화가 날 뿐입니다. 아이와의 사이에 오해가 생길 수 있습니다.

30
아이에게 짜증스럽게 말하게 돼요

"좀 똑바로 해!", "자세가 왜 이래!", "똑바로 봐, 집중 좀 해!"
"너 자꾸 그러면 무서운 사람이 잡아간다!"

아이한테 하면 안 좋은 것을 알면서도 하게 되는 말들이 있습니다. 후회하지만 비슷한 상황이 닥치면 자신도 모르게 불쑥 입에서 말부터 나가죠. 알고는 있는데 실천은 마음 같지 않습니다.

'그래! 아이한테 좋은 말만 해야지'라고 다짐해도 언어습관은 쉽게 고쳐지지 않습니다. 그냥 다짐만 해서는 어렵습니다. 자신의 행동을 돌이켜보는 시간만이 아니라, 예상되는 상황에서 구체적으로 어떤 말을 할지 미리 연습해두어야 합니다. 부모는 예상 시나리오를 가지고 있어야 합니다.

교육을 위해서라고 합리화하지 않기

아이들은 자신이 하고 싶을 때는 정리를 잘하지만, 일반적으로는 정리를 잘 안 합니다. 그런 아이에게 "네가 한 거니까 네가 알아서 해!", "정리 안 하면 다 버린다!"라고 말하면 아이는 따르기 어렵습니다. 정리 습관을 들이는 교육이 목적이라면 잔소리가 아니라 어떻게 정리하면 좋은지 방법까지도 알려주어야 합니다.

예를 들어 물건 정리라면 지정 장소, 정리할 바구니 같은 게 필요하겠지요. "엄마랑 장난감 재우기 놀이하자", "모두 제자리 노래를 부르며 할까?" 이렇게 처음에는 엄마가 함께 정리해주세요. 이때 어지럽히기만 하는 아이라고 핀잔을 하면서 정리하지 않도록 주의합니다. 작은 일이라도 칭찬을 하면서 차츰 아이 혼자 해보는 시간을 늘려나가는 게 좋습니다.

아이를 키우는 일에는 인내가 따릅니다. 아이의 잘못에 대해서 질책할 때 종종 '나는 아이를 교육하고 있어'라고 합리화를 하게 됩니다. 왜냐하면 보통 '교육'이라는 단어를 붙이면 부모는 자신의 말과 행동에 관대해지기 때문입니다. '잘못했으니 맞아야지!'라는 당위성을 가지고 있으면 체벌도 아이의 행동에 따른 부모의 정당한 반응이라고 받아들입니다. 이런 식의 합리화는 폭력(언어, 물리적)까지도 정당화시키므로 조심해야 합니다.

감정적으로 질책하지 않기

아이로 인해 짜증이 나면 종종 "넌 도대체 왜 그래!"라는 말이 튀어나옵니다. 아이의 잘못된 행동을 비난할 때 종종 사용하지요. 그런데 이 말에는 아이가 한 행동에 대한 잘못을 말하는 것이 아니라, 아이 자체가 잘못이라는 의미가 들어 있습니다. 이 말을 들은 아이 입장에서는 잘못은 '나의 행동'이 아니라 '나' 자체가 됩니다.

지나가는 말처럼 던지는 "누구를 닮아서 그러는 거야 도대체!" 혹은 "하는 짓이 아빠(엄마)랑 똑같아!" 등의 말은 다른 사람과 아이를 비교하는 게 됩니다. 이보다는 아이의 행동에 관해 구체적으로 무엇을, 왜 잘못한 것인지 설명해주어야 합니다.

아이의 행동 지적하지 않기

답답한 마음은 충분히 이해가 가지만 아이에게 "좀 똑바로 해!", "자세가 왜 이래!", "똑바로 봐, 집중 좀 해!"라고 다그치듯이 말하는 것도 피해야 합니다. 물론 부모가 아이에게 상처를 주려고 일부러 이런 말을 하는 것은 아닐 겁니다.

하지만 이러한 말투로 이야기하면 아이들은 겁을 먹고 그 즉시는 바로 앉아 있을지 모르지만, 문제는 다음번에 일어납니다. 공부할 시간이 되면 딴청을 부리며 질질 시간을 끌거나 공부하지 않을 방법을 본능적으로 찾습니다. 그럼 어떻게 해야 할까요?

'칭찬'을 사용하세요. 실제 연구 결과도 있습니다. 블록을 두 그룹에 나누어주고 한 그룹의 아이들에게는 똑바로 만들라고 계속 강하게 명령을 하고, 다른 그룹 아이들에게는 칭찬을 했습니다. 어느 그룹에서 더 창의적인 결과가 나왔을까요? 칭찬을 들은 아이들이 훨씬 창의적인 결과를 내었다고 합니다.

공부도 아이들에게는 이와 같습니다. 처음엔 짧은 시간밖에 집중하지 못해도 사소한 것이라도 "이걸 알다니, 우와 멋지다!" 등의 칭찬을 하면 집중하는 시간이 차츰 길어지고, 다음 공부를 시작하는 게 좀 더 수월해집니다.

겁주는 말 하지 않기

외출했다가 집에 가야 하는 시간이 되었는데도 아이가 집에 가려고 하지 않을 때가 있습니다. 그러면 엄마는 칭얼대는 아이에게 엄마 혼자 갈 것처럼 "넌 거기 있어! 엄마는 갈 거야!"라고 겁을 주는 모습을 종종 보게 됩니다. 아이는 처음에는 두려움을 느끼고 엄마가 정말 자기를 혼자 두고 갈 것 같아 어떻게 대처해야 할지 모릅니다. 하지만 아이는 정작 자신이 무엇을 잘못해서 엄마가 그런 말을 하는지 잘 모릅니다. 단지 하고 싶은 것을 계속하고 싶어서 주장하고 있는 것뿐이니까요. 이럴 때는 무작정 아이에게 명령하거나 겁을 주는 것이 아니라 스스로 어느 정도 상황을 마무리할 수 있는 시간을 주고, 동선을 정해주는 것이 좋습니다.

"지금 집에 가야 할 시간인데 언제쯤 끝날까?"

"조금만요."

"그럼 10분이면 될까? 알람을 맞추자. 알람 소리 날 때까지 마음껏 하렴."

"네!"

하지 말아야 할 행동을 했거나, 부모의 말을 잘 듣지 않을 경우 하게 되는 "너 자꾸 그러면 ○○가 잡아간다"라는 식의 말도 좋지 않습니다. 아이에게 실체가 없는 막연한 두려움을 심어줄 수 있습니다. 다른 주제나 사물을 찾아 아이의 관심사를 돌리거나 다른 방법으로 설명하는 것이 좋습니다.

어른의 기준에 아이의 능력을 비교하는 말 하지 않기

아이의 능력을 먼저 생각해주세요. "지난번에 가르쳐줬는데 이것도 못하니?", "조금 전에 했는데 또 몰라?"라는 말은 아이에게 상처가 됩니다.

부모의 관점에서 잘하지 못하는 아이를 비난하는 말입니다. 답답함을 토로하면 아이들은 더 열심히 할 것 같지만 그렇지 않습니다.

지나치면 아이에 따라서는 오히려 머릿속이 백지상태가 됩니다. 부모 생각에는 아이가 당연히 알 거라고 생각한 것을 사실 아이는 아직 모르는 것은 아닌지 살펴보고, 배운 것을 오래 기억하지 못하는 이유는 무엇인지를 파악해야 합니다. 차분히 여러 번 반복해서 자주 알려주세요. 아이마다 이해하고 받아들이는 속도가 다르니까요.

습관적으로 지시하는 말 하지 않기

엄격하게 아이를 키우려는 부모는 말도 좀 강하게 하는 경향이 있습니다. "어지르지 마!", "가만히 있어!", "그만하라고!"처럼 아이의 행동에 단호하게 말합니다.

하지만 아이가 어지럽히는 건 건강하게 잘 놀고 있다는 증거입니다. 아이가 가만히 있는 인형은 아니니까요. 아이들도 각자 나름의 생각이 있습니다. 아이를 존중하는 태도로 차분히 이유를 설명하고 이해시킵니다.

명령조의 말은 아이에게 "시키는 대로 하지 않으면 혼나!"라고 하는 말처럼 들립니다. 부모가 힘을 무기로 아이를 제어하는 것이죠. 그러면 아이는 힘이 세면 남에게 함부로 해도 된다고 여기게 됩니다.

그런데 부모는 왜 아이한테 해서는 안 될 말을 알면서도 하게 될까요? 부모가 나를 그렇게 키웠기 때문에? 이렇게 해왔으니까? 빨리 행동을 제지할 수 있으니까? 아마도 자신도 모르게 폭력적인 말에 익숙해져 있기 때문일 겁니다. 어린 시절을 한번 떠올려보세요. 같은 말을 들었을 때 좋았는지, 부모의 단호함이 흔쾌히 받아들여졌는지, 부모가 원하는 대로 행동하고 싶었는지를요. 명령형은 잠시 행동을 바꿀 수 있을 뿐이지만, 권유형은 마음을 움직입니다.

"지금 밥 먹어야 하니까, 빨리 장난감 정리해!"와 "지금 밥 먹을 시간인데, 장난감 정리하는 건 어때?"의 차이가 느껴지나요?

어른이나 아이나 마음먹기에 따라 말과 행동을 바꿀 수 있습니다. 어떤 일은 말투만 달리해도 아이의 행동이 달라집니다. 아이가 변하길 기대한다면 부모의 지시로 바뀌는 것이 아니라 아이의 마음속에서 변화가 시작될 수 있도록 해주세요.

31
아이에게 큰소리를 치고 협박을 했어요

아침 시간 빨리 준비하고 나가야 하는데 아이가 밥을 먹는 건지 밥알 개수를 세는 건지 답답하기만 합니다. 밥 먹으라고 입에 넣어주면 입에 물고 딴짓만 합니다. 바로 나가도 늦는데 옷이 끼인다느니, 답답하다느니, 마음에 안 든다느니, 입기 싫다고 투덜거립니다. 급한 마음에 억지로 입혔는데 갑자기 옷에 뭐라도 묻히면 정말 난감해집니다.

이렇게 부모가 조급하거나 바쁠 경우 자신의 말을 듣게 하려고 아이에게 겁을 주거나 협박을 하는 부모가 있습니다. 협박은 특정한 상황에서 힘이 센 사람이 사용하는 강압적 행동입니다. 아이가 원하는 것을 제한하겠다고 엄포를 놓는다거나, 아이가 무서워하는 것을 이용해 강력하게 제재하는 말투 등이 아이에게는 모두 협박이 될 수 있습니다. 협박하면 아이는 처음에는 겁이 나서 하던 행동을 멈춥니다. 예를 들어 무엇인가를 사달라고 조르다가도 협박을 받게 되면 그 행동을 멈추지요.

부모로서는 아이가 말을 잘 듣고 지시한 대로 즉각 행동하기 때문에 만족해서 필요할 때 같은 방법을 또 씁니다. 하지만 아이는 협박을 하고도 실제로 일어나지도 않았고 별다른 제재가 없다는 것을 점차 학습합니다. 그러다 보면 아이는 원하는 것을 이루기 위해 오히려 고집을 더 세게 부립니다. 결국 부모도 협박 강도가 더 세지게 됩니다. 아이가 협박에 내성이 생겼기 때문에 부모도 더 센 강도로 말하게 되는 악순환이 거듭됩니다.

더 좋지 않은 일로 이어지는 협박

협박으로 안 되면 부모는 큰소리를 지르거나 심지어 매를 준비하기도 합니다. 협박하다가 매를 들 때라면 이미 분위기는 부모도 화가 난 상황이기 때문에 아이의 교육적 훈계보다도 본인의 화풀이를 '교육'이라고 합리화하고 있는 것입니다. 아이의 행동을 고치기보다는 현재 상황을 빠르게 변화시키고자 하는 부모의 욕구가 커서 매로 이어진 것입니다. 하지만 절대 매를 들어서는 안 됩니다.

아이에게 자신이 한 행동을 되돌아볼 수 있는 시간을 주고 다음부터 그런 행동을 하지 않도록 하는 것이 바른 훈육입니다. 그런데 협박이나 매는 회피하는 방법만을 알려주게 됩니다. 상황을 모면하려는 마음만 급급해서 잘못을 생각할 겨를이 없습니다.

겁을 주며 해결하려는 부모

부모로부터 자주 협박을 받은 아이는 부모가 거짓말쟁이라고 느낍니다.

"너 그거 하면 혼난다."

"계속하면 맞는다."

"○○가 데려간다."

"귀신 나온다."

"너 혼자 두고 간다."

"빨리해라! 안 그럼 놀이공원 안 간다."

이렇게 이야기하면서도 매를 들지 않고, 실제로 무엇도 나타나지 않는 경우, 안 간다고 한 곳인데 데리고 가는 것을 경험한 아이는 부모가 말만으로 겁을 주고 있다는 사실을 인지하게 됩니다.

부모의 '협박 = 거짓말'이라고 생각하고 부모가 하는 말은 그냥 겁주려고 하는 말이라는 것을 학습하게 되어 어느 순간 부모의 큰소리에도 무감각해지지요.

"배운 대로 할게요"

학습된 협박은 아이의 언어습관에도 자연스럽게 젖어 듭니다. 협박을 받은 아이들은 또래 친구들에게도 협박을 합니다. 자신이 받은 협박을 다른 친구에게도 그대로 사용하는 것을 볼 수 있습니다. 물론 동생에게도 자연스럽게 하지요. 바로 제재를 하지 않으면 당연히 그래도 된다고 생각합니다. 잘못인 것을 아는 아이도 어른이 보지 않는 상황에서는 협박을 하기도 합니다.

협박을 자주 받은 아이는 긍정적인 말로 타이르거나 부드러운 말로 했을 때 잘 듣지 않습니다. 강한 어조로 이야기할 때 들어야 한다는 생각이 생겨 오히려 말을 더 안 듣는 일이 벌어집니다.

협박을 당한 아이는 불안감을 느낀다

협박은 단순히 아이를 겁주려는 게 아니라, 잘못된 행동을 고치기 위해 교육으로 필요하다고 주장하는 부모가 있습니다. 아이에게 하는 이런 거짓말은 진짜 거짓말이 아니라 아이를 보호하고 교육하기 위한 방법이라고 생각하지요.

"너 자꾸 그러면 경찰 아저씨한테 데려가라고 할 거야."

"도깨비 오라고 할 거야."

하지만 이런 말은 '도깨비' 같은 무서운 존재에 대한 두려움을 키우거나 '경찰'을 부정적 이미지로 여기게 하며, '거짓말'이라는 요소까지

더하게 됩니다.

이런 경우 아이는 가상의 무서운 존재로 인해 늘 불안함을 느낄 수 있습니다. 어두운 곳에 가면 예전에 엄마가 말한 도깨비가 나올까 봐 두려움에 휩싸이기도 합니다. 이처럼 아이에게 막연한 불안감을 조성하면 긍정적인 사고를 하기 어렵습니다. 정서적으로도 당연히 불안해지지요.

부모 모방 교육

부모는 아이한테 거짓말을 하지 말라고 합니다. 하지만 아이가 말을 안 듣기에 거짓말을 해서라도 부모 말을 듣게 해야겠다는 마음이 마치 교육적 신념인 양 '선의의 거짓말'로 포장합니다.

사실 아이들에게 거짓말이 나쁜 것이라는 점을 알려주는 것은 상당히 추상적입니다. 좋은 교육은 아이들에게 "거짓말을 하지 마!"가 아니라 '거짓말을 하지 않는 부모 모습'을 보여주는 것이 올바른 방법입니다. 사실을 이야기해야 하며, 말한 것은 지키는 부모가 되어야 합니다.

횡단보도를 건널 때는 초록불로 바뀌면 건너야 한다고 가르치면서도 정작 거리에서는 급하다며 신호등이 빨간불일 때 아이 손을 잡고 길을 건너는 행동을 한다면 결코 교육이 올바로 되지 않습니다. 이런 경험은 아주 오랫동안 아이에게 기억됩니다.

내 아이에게 맞는 교육 준비

아이와의 관계에서도 협상과 타협, 대화, 이해, 준비과정, 마음읽기 등이 필요합니다. 행동 변화를 일으키기 위해서는 공감, 설명, 이해, 타협 그리고 적절한 칭찬 등을 언제 어떻게 해야 할지 부모 나름의 전략이 있어야 합니다.

아이가 자주 하는 습관이나 실수 등을 부모는 모두 인지하고 있어야 합니다. 급한 일이 있다면 아이가 늦어질 수 있다는 것을 예상하고 조금 일찍 서둘러야 합니다. 매일 반복하는 일도 혹시 시간이 임박해서야 준비하고 있지는 않은지 확인해보세요.

아이에게 맞는 육아 정보나 상담 내용을 관심 있게 찾아보고 좋은 습관과 나쁜 버릇을 어떻게 조절할 수 있을지 고민해야 합니다. 답답한 행동을 한다면, 원인을 찾아본 뒤 부모가 도움을 줄 수 있어야 합니다. 스스로 할 수 있도록 힘을 실어줄지 지켜보고만 있어야 할지 결정을 내려야 할 때도 있습니다. 아이에게 자주 발생하는 상황에 대한 대처법을 익혀두어야 합니다.

32
동영상은 아이에게 정말 나쁜가요?

"우리 애는 TV를 보여주지 않으면 한바탕 소란이 벌어져요."

"동영상을 틀어줘야 밥을 먹어서 안 보여줄 수가 없어요."

아이의 동영상 시청, 어떤 기준으로 보여주는 게 좋을까요? 많은 부모가 알고 있듯이 유아에게는 동영상을 보여주지 않는 편이 가장 좋습니다. 유아 때는 주위 환경에 적응력이 매우 빠르고, 스스로 원하는 것이 조금씩 확립되는 시기입니다. 많은 활동을 하며, 처음 접하는 것들에 관해 자신에게 흥미로운 것과 그렇지 않은 것을 가리기 시작합니다.

유아에게 TV나 스마트폰 등의 영상은 매우 흥미로운 자극이라 깊이 빠져들게 됩니다. 이후 이런 증상이 더 심해지면 어느 시점부터는 동영상 시청 문제로 아이와 갈등을 겪으며 힘든 시기를 보낼 수 있습니다.

TV, 스마트폰, 컴퓨터 시청 가이드라인

안 보여주는 것이 좋다는 것은 알고 있지만, 현실적으로 불가능합니다. 그래서 적정한 기준이 필요합니다. 안 보여주겠다고 마음을 먹는다면 아이가 영상을 쉽게 볼 수 없는 환경으로 만들어야 합니다. TV를 없애고 컴퓨터는 노트북으로 대신합니다. 스마트폰은 오직 전화 용도로만 사용해야 합니다. 카톡 및 메신저는 집에서 자제합니다. 나머지 시간에는 책 읽기, 이야기 나누기, 음악 듣기, 장난감 놀이 같은 활동을 합니다.

하지만 가정에서 이런 활동만 한다는 것이 쉽지 않습니다. 부모도 아이를 두고 해야 할 일이 있습니다. 그때 영상은 큰 역할을 하지요. 핵심만 잊지 않으면 됩니다. 보여주되 습관이 되지 않도록 하는 것입니다. 시간, 횟수, 장소, 환경, 모방 등을 고려해 원칙을 세우세요.

언제부터 동영상을 보여줄까?

24개월 이전에는 절대 보여주지 않도록 합니다. 아이의 뇌 발달에 전반적으로 좋지 않습니다. 24개월 이전은 움직이는 신기한 그림이

나오는 매체로 인식을 해서 쉽게 빠져들 수 있습니다. 내용보다 신기함에 매료되어 계속 보겠다고 고집을 피우기도 합니다.

스스로 이해하고, 주변 사람의 말이나 행동을 보고 모방을 시도하는 36개월 이후에는 괜찮습니다. 물론 36개월도 자발적인 제어가 힘들기 때문에 동영상을 볼 때는 부모랑 함께 보는 것을 권합니다. 잠시 같이 보면서 거리나 자세 등을 올바르게 해주고 부모는 빠질 수 있습니다.

만일 유아용 콘텐츠를 보여준다면 정해진 장소에서만 시청할 수 있는 TV나 컴퓨터가 스마트폰보다 좋습니다. 정해진 장소에서만 시청하는 습관을 들일 수 있습니다. 가지고 다니면서 편리하게 보는 스마트폰은 어느 장소나 이동하면서 보려고 하기 때문에 스마트폰 영상은 보여주지 않는 것을 권합니다.

동영상을 보여주는 방법

매일 시간을 정해두고 보는 습관은 아이가 매체에 빠져들 수 있어서 위험합니다. 즉, 매일 꼭 무엇을 봐야 한다는 습관은 아이에게 마치 중독과 같은 증상이 되므로 하루하루 정해진 시간에 보는 것은 권장하지 않습니다. 시청 시간이 짧다고 해서 습관이 안 되는 것은 아닙니다.

주말에 영상 1편이 가장 좋습니다. 상황이 여의치 않다면 주중에 하루 15분 정도의 영상을 2편 이상 넘기지 않도록 합니다. 연속으로 진행되는 프로그램이 아닌 매회 단막으로 끝나서 시작과 마무리가 있는 스토리를 보여줍니다.

아이에게 동영상 시청 시간을 알려주는 것도 중요합니다. 무한정 앉아서 볼 수 있다는 생각이 들게 해서는 안 됩니다. 연속해서 방영되는 프로그램이 아닌 것으로 선택하고 일단 한 편을 보고 나면 자리에서 일어설 수 있도록 하는 연습이 필요합니다.

아이에게 보여줄 동영상

동영상 내용은 생활습관, 태도, 타인을 대하는 방법처럼 사회성 발달에 적절한 것을 선택합니다. 그리고 같은 내용의 영상을 반복해서 보여주는 것이 좋습니다. 유치원 친구들 영상이면 그 영상 한 가지만 보여주는 것이지요.

유아기 때는 다양한 영상에 매료되는 상황을 만들지 않아야 합니다. 이 시기의 영상은 많은 장르를 보여줘서 풍부한 사고를 하는 게 목표가 아닙니다. TV로 공부를 하는 것이 아니기 때문입니다. 한 가지 이야기에서 흥미 있는 캐릭터를 만나고 헤어지는 것을 알도록 하기 위해서입니다.

다양한 콘텐츠는 아이를 TV 앞에 오래 붙잡습니다. 아이의 생각하는 힘은 부모와의 활동 속에서 커집니다. 그런데 영상은 아이와의 관계에서 부모를 게으르게 만듭니다. 부모가 아이의 동영상 시청에 관해 일관된 기준이 없으면 아이를 TV 앞에 두고 본인 합리화를 할 수 있습니다.

'그래! 내가 이렇게나 피곤하니 애 좀 보게 하자.'

'네가 그렇게 보고 싶어 하는데… 그래, 오늘 하루는 실컷 봐라.'

이것이 한두 번 이어지다 보면 부모와 놀이하는 것보다 TV를 더 좋아합니다. 더 자라면 외부 활동을 하지 않으려 합니다. 집에서 미디어 보는 것이 더 좋기 때문이지요.

미디어 영상을 자주 접한 아이들은 다른 놀이를 하다가도 조금만 심심해지면 동영상을 틀어달라고 떼를 씁니다.

"우리 애는 TV를 보여주지 않으면 한바탕 소란이 벌어져요."

"안 보여줄 수가 없어요."

부모도 마음이 약해져 틀어주게 되고 이런 상황은 반복되지요. 지나치게 집착하는 아이라면 집 안에서 TV를 없애야 합니다. TV를 없애고 그 자리에 책장을 놓고 책을 꽂아둡니다. TV가 거실에 있으면 아이에게 가장 좋지 않은 생활습관을 만들 수 있습니다. 혹시 부모가 TV를 좋아해서 못 없애고 자주 시청하고 있는 것은 아닌지 생각해보세요. 그리고 컴퓨터는 필요한 경우에 펼쳐서 사용하는 노트북으로 바꾸는 게 좋습니다. 스마트폰에 집착을 한다면 과감하게 전화만 되는 폰으로 바꿀 수 있어야 하고요. 노출 빈도나 시간을 잘 조정하면 아이는 자연스럽게 받아들입니다.

집착을 한다는 것은 아이가 스스로 절제를 하지 못한다는 것을 의미합니다. 동영상 시청이 어린아이의 뇌에 미치는 영향은 어른들이 생각하는 것 이상으로 치명적입니다. 사고, 언어, 건강, 시력, 자세, 외부 활동, 사회성, 수면 등 다방면에 영향을 줍니다.

동영상을 반복 시청하고 몇 시간이고 계속 보는 습관이 일단 생기고 나면, 없애는 데는 오랜 시간과 노력이 듭니다. 나쁜 습관이 자리 잡기 전에 좋은 습관부터 만들어주세요.

33
~~~ 창의성을 키워주고 싶어요 ~~~

아이들은 보통 24개월 무렵부터 주변을 탐색하는 과정을 거치면서 행동과 언어, 그리고 창의성이 발달합니다. 모방을 하며 충분히 익힌 행동과 말 들을 본인의 생각으로 재구성해 표현합니다.

아이의 행동이 어떨 때는 창의적인 것인지 부모를 괴롭히는 것인지 혼란스러울 때가 있습니다. 예를 들면 두루마리 휴지를 모두 풀어서 거실에다 펼쳐놓고 자동차 길이라고 하고, 조용히 물티슈 50장을 뽑아서 눈 내린 방을 만드는가 하면, 변기 물에 손을 씻거나 심지어 먹으며 샘물이라고 하고, 난초 잎을 따면서 아빠 드릴 반찬이라고 하기도 합니다. 이런 행동을 하는 아이는 창의성이 있는 걸까요?

더 잘하게 도와줄게~

창의성 교육은 부모 도움 없이 아이 스스로 생각하고 구성할 수 있는 실행력을 길러준다는 데 의의가 있습니다.

예를 들어 한창 두 단어 정도를 연결해 말할 시기에 옹알거리며 그림을 보고 있다면 굳이 엄마가 읽어줄 필요는 없습니다. 아이는 자기 생각을 그대로 표현하며 자연스럽게 보고 말하기 놀이를 하고 있기 때문입니다. 그런데 아이 옆에 가서 "엄마가 읽어줄게. 집중해"라고 하는 순간 아이가 표현하려는 방식은 사라지고 쓰인 그대로 읽고 생각하고 알아야 하는 상황으로 바뀌게 됩니다. 즉, 정해진 테두리 안으로 아이를 가두는 것이죠.

어렵구나! 엄마가 해줄게~

아이에게는 도움이 필요한 순간이 있고 그렇지 않을 때도 있습니다. 아이가 어떤 일을 스스로 하지 못하고 힘들어한다면, 엄마가 무조건 도와주거나 쉽게 해결할 수 있는 방법을 알려주기보다는 어떻게 하면 할 수 있을지 먼저 고민하는 시간을 주어야 합니다. 다시 말해 생각하는 힘을 길러주어야 합니다.

예를 들어 퍼즐을 맞추는데 아이가 한 번 끼워보고 잘하지 못한다고, 엄마가 옆에서 이렇게 하면 된다고 대신 끼워주는 순간 아이는 생각을 멈추게 됩니다. '이렇게 쉽게 하는 방법이 있는데 굳이 내가 고민할 필요가 있을까?'라고 여길 수 있습니다. 자기 힘에 부치는 일이 닥치면 스스로 해결하려고 애쓰기보다 엄마에게 대신해달라고 하는 게 쉽다는 것을 학습하는 결과가 됩니다.

부모의 역할은 끼워주기보다는 어느 부분에 넣으면 좋을지 색깔이나 크기 등을 꼼꼼히 살펴보고 결정할 수 있도록 도움을 주는 것입니다. 아이 스스로 퍼즐을 맞추면 성취감을 느낍니다. 속도가 느리더라도 혼자 잘하고 있다면 옆에서 "와~ 잘한다!"라고 칭찬해주세요.

그래 혼자서 해보렴~

종종 어떤 부모는 창의성을 키워준다는 생각으로 아이를 혼자 두는 경우가 있습니다. 부모가 도와주면 창의성이 저하된다는 말을 잘못 이해한 경우입니다.

창의성을 키우기 위해서는 기준이 있어야 합니다. 행동의 결과로 아이가 무엇을 배울 수 있는지, 어느 정도의 도움이 필요한지, 제한해야 하는 것들은 무엇인지, 그리고 안전한 환경인지를 살펴봐야 합니다. 한 가지 사례를 들어보겠습니다.

모래 놀이를 좋아하는 아이였습니다. 한동안 모래를 잘 가지고 놀던 아이가 모래를 먹겠다고 합니다. 엄마는 '그래 자기가 먹어보고 나면 먹는 음식이 아니라는 것을 스스로 깨치겠지'라는 생각에 그냥 두었습니다. 한 번 하면 다시는 안 하겠지라고 생각한 것이지요. 또 무조건 안 된다고 하면 창의성 계발에 좋지 않은 영향을 미칠 것 같아서 모래를 먹게 내버려 두었다고 합니다. 아이는 모래를 한 줌 입속으로 넣었지만 바로 퉤퉤 뱉었죠. 그리고 실제로 다시는 먹지 않았습니다. 하지만 이 사례에는 반전이 있습니다. 아이가 기생충 감염으로 보름간 고생을 한 겁니다. 이런 호기심은 창의성과는 별개의 행동입니다. 부모는 아이의 안전을 늘 고려해야 합니다.

책 많이 읽어줄게~

아이들에게 책은 지식을 늘려나가는 도구이기도 하지만 다양한 이야기를 읽으면서 상상의 세계를 펼칠 수 있는 매우 유익한 놀이입니다. 책 속 주인공들과 함께 날아다닐 수도 있고 동물들과 친구도 되죠. 아이의 상상 속 세계에서는 착한 동물 친구도 있고 못된 동물 친구들도 있습니다. 똥도 더럽지 않습니다. 오히려 재미있고 좋은 친구가 됩니다.

단지 책 내용만 읽는 것이 아니라 책을 읽고 난 후 읽은 내용이 지닌 의미를 생각하고, 자신의 의견을 말할 수 있고, 거기에 더해 창작활동으로 이어간다면 아이의 생각이 더욱 풍성해집니다. 읽은 내용을 그림으로 표현해본다든지, 아이의 생각을 더해 이야기를 재구성해보는 것, 인형극이나 상황극을 해보면서 독서 후 활동을 만들어주면 좋습니다.

아이는 관찰하고 탐구하고 탐색하는 과정, 살펴보고 만져보고 느끼는 과정에서 '어떨까? 왜?'라는 호기심을 품고 호기심을 해결하기 위한 학습과 행동을 시도할 때 창의성이 발달합니다.

책을 읽은 양이 많아서 창의성이 좋아진다기보다 좋은 글을 읽고 느끼는 부분이 다양할수록 생각을 확장할 수 있는 힘이 커집니다. 부모의 역할은 아이가 다양한 활동을 할 수 있는 기회를 만들어주는 것입니다. 책에 가루를 반죽해 만두를 빚는 내용이 있다면 이를 실제로 해볼 수 있도록 해주세요. 가정에서도 쉽게 할 수 있습니다. 토끼 만두, 곰 만두, 아빠 만두, 큰 만두, 작은 만두와 같은 창작적인 활동으로 연결할 수 있습니다. 책에서만 만두를 본 아이는 '만두' 하면 일반적인 만두 모양만 떠오르겠지만 자신이 직접 새로운 모양을 만들어 본 아이는 다르겠지요. 책을 읽으면서 학습적인 부분만을 강조하여 사고를 단순화시키고 정답만을 찾게 하면 창의성을 계발할 수 없습니다.

노래해볼까~

혹시 아이가 노래를 잘 못 부른다고, 혹은 가사가 틀렸다고 지적하고 있나요? 아이들은 음악을 들으면 그 음악을 흥얼거립니다. 36개월 무렵의 아이들은 가사를 자기 생각에 맞게 고쳐 부르기도 합니다. 예를 들어 '곰 세 마리가 한집에 있어. 아빠 곰은 회사가, 엄마 곰은 청소해, 아기곰은 블록 해.' 하면서 말이죠. 자신의 행동을 노래 가사에 맞추어서 부르기도 하고, 주변의 모습을 노랫말로 바꿔서 표현하기도 합니다. 아이가 바꾸는 노래 가사를 통해 아이의 생각을 관찰할 수 있습니다. 아이는 자기 눈에 비친 세상을 창의적인 활동으로 확장해나갑니다.

맨날 어지럽혀요

'아이의 창의적인 활동은 엄마를 힘들게 한다.' 그럴까요? 그렇지는 않습니다. 솔직히 아이의 창의적이거나 엉뚱한 행동에 자제력이 바닥이 나거나 아이의 활동을 따라가기 힘들 수도 있습니다. 하지만 모두가 그런 것은 아닙니다. 제지할 행동과 그렇지 않은 행동이 분명히 있습니다.

예를 들면 화분에 있는 흙을 들고 와서 침대에 새싹이 자라게 하고 싶다며 뿌린다거나, 놀러간 친구 집에 있는 아기가 눈을 자주 깜빡인다고 아기의 눈을 손으로 꾹 눌렀다면 어떨까요? 과연 이런 행동이 창의성에서 비롯한 것일까요? 이것은 창의적 활동을 떠나 해서는 안 될 행동을 한 것이므로 아이에게 정확한 어조로 설명해야 합니다. 이렇게 하지 않으면 다른 집에 가서도 같은 행동을 할 수 있고 의도는 없어도 다른 사람을 다치게 할 수도 있습니다. 해서는 안 되는 행동과 창의적인 행동은 별개의 문제입니다.

쌀을 가지고 놀고 싶어 한다면 일정 공간 안에서만 할 수 있도록 규칙을 정해줍니다. 쌀을 온 집 안에 뿌리고 다니는 것은 창의적인 활동이 아닙니다. 허용 범위가 넓은 부모에 따라서 달라질 수는 있겠지만, 부모에게는 대부분 감당하기 어려운 놀이일 뿐입니다.

이때는 엄마와 함께 하는 것이 필요합니다. 엄마는 아이가 할 수 있는 활동에 보조적인 역할만 하면 됩니다. "쌀에 물을 넣으면 어떻게 될까? 검정 쌀도 있고 콩도 있네. 어떤 소리가 날까?" 등과 같이 함께 묻고 답하는 놀이 활동을 할 수 있습니다. 부모의 적절한 도움은 아이의 상상력과 창의력을 키우는 데 도움이 됩니다.

장난감을 많이 사줘요~

창의성 발달에 좋다고 알려진 장난감이나 교구를 가지고 노는 것도 좋고, 가정에 있는 물건을 이용해서 놀이를 진행해도 좋습니다. 기발한 제품이라면 사 주면 좋지요. 하지만 주의할 점은 한꺼번에 비슷한 장난감을 여러 개 사지 않는 것입니다. 예를 들어 옥스퍼드 블록과 맥포머스 블록, 빙글빙글 블록을 함께 산다고 해서 아이가 이들 장난감을 한꺼번에 가지고 놀지는 않습니다. 아이는 자기가 좋아하는 장난감 하나만 가지고 놀 확률이 높습니다.

그러므로 월령과 나이에 맞게 아이가 호기심을 갖고 선호할 수 있는 안전한 장난감을 조금씩 단계별로 주는 것이 유용합니다. 사는 것에만 의존하지 말고 가정에 있는 다양한 물건을 놀이에 이용하는 것도 현명한 방법입니다. 예를 들면 목욕탕에서 아빠의 면도 거품으로 거울에 칠을 하고 약간의 물감으로 색을 넣는 놀이를 한다면 이는 도화지에 그림을 그리는 것과는 분명 다른 느낌을 받을 수 있습니다. 그림은 반드시 색연필이나 물감으로만 그리는 것은 아니니까요.

양손을 사용해서 놀기

창의성은 좌뇌와 우뇌가 고루 발달해야 커진다고 합니다. 우리의 왼손은 우뇌, 오른손은 좌뇌에 자극을 주어 뇌 기능을 활성화시키죠. 따라서 양손을 자유자재로 활용하는 것이 좋습니다. 왼손으로 글씨를 써보거나 그림을 그려보고 가위를 사용해 종이를 잘라보는 것도 재미있는 놀이가 될 수 있습니다.

왼손잡이 아이를 억지로 오른손잡이로 바꾸려고 스트레스를 주지 마세요. 왼손으로 물건을 잡고 쓰는 동안 우뇌에 자극이 갑니다. 양손을 사용하는 놀이를 통해 우뇌와 좌뇌 능력을 고루 길러줄 수 있습니다.

창의성을 키우는 대화

지적하기, 지시하기는 창의성을 떨어뜨리는 대화입니다. 아이의

창의성을 키우는 대화

♥ 생각 대화

가게에 있는 아저씨는 어때?
아저씨는 저기에서 무엇을 할까?
저기 있는 꿈틀대는 것은 누가 사갈까?

♥ 과거 기억 떠올리기 대화

예전에 에버랜드 꽃밭에 갔었지? 꽃밭이 어땠어?

♥ 미래 예측 대화

저 꽃은 활짝 피었는데 이 꽃은 아직 동그랗네. 어떻게 될 것 같니?

♥ 상황 제시 후 아이의 생각을 묻는 대화

차들이 너무 빨리 달리면 어떻게 될까?

♥ 비교 개념 대화

버스는 엄청 크다. 버스는 왜 저렇게 크지?
네가 버스를 운전한다면 어떨까?
버스에 누구를 태우고 갈까?

♥ 상상 대화

비행기는 날아가는데 왜 버스는 못 날아가지?
날개가 없어서? 그럼 버스에 날개를 달아볼까?
너는 날개가 있으면 무엇을 할 수 있겠니?

♥ 상황 대화

(호랑이 책을 읽고 나서) 네가 호랑이라면 어떻게 했을 것 같니?

♥ 사물 주어 대화

우산은 비가 올 때 어떤 생각을 할까?

창의성을 키우려면 "이거 해!"보다 "이건 어떨까?"로 물어보세요. 권유형의 부드러운 말투와 긍정적인 격려로 대화를 합니다.

그러기 위해서는 아이에게 지시적인 언어를 사용하지 않아야 하지요. 단답형으로 예, 아니오로 대답하는 질문 대신 열린 질문을 많이 하는 게 좋습니다. 생각하는 힘을 기를 수 있습니다. 아이가 잘 모른다고 질책하지 마세요. 질책보다 생각할 '시간'과 생각에 도움이 될 '힌트'만 주세요. 생각이 정리되지 않았다면 선택형 질문을 합니다. 부모가 생각한 것을 선택하기에 앞서 아이의 생각을 꼭 들어봅니다. 부모는 한 번 말하고, 아이의 말은 두 번 듣고, 세 번 맞장구를 쳐주며 감탄해주세요. 아이가 말하고 싶은 것을 알더라도 대신 먼저 말하거나 일을 처리해주는 행동을 자제하세요. 아이가 필요한 것이 있으면 스스로 표현하고 그에 맞는 행동을 하도록 기다립니다.

34
상상력을 키워주고 싶어요

모든 놀이의 주도권은 아이에게

한 TV 프로그램에서 아이의 상상력과 관련해 엄마가 아이와 함께 노는 모습을 관찰한 장면을 본 기억이 있습니다. 대부분의 엄마가 아이와 놀면서 무의식적으로 주도권을 갖는 모습이었습니다. 장난감을 선택할 때도 "와 이거 재밌겠다. 그치?"라고 엄마가 먼저 손을 뻗습니다. 그러자 화면 속 아이들은 금세 흥미를 잃고 주위를 두리번거립니다. 목소리까지 바꿔가며 아이와 열심히 놀아주지만, 같은 반응을 보입니다. 부모의 노력에도 불구하고 아이는 관심과 흥미를 잃지요.

아이의 흥미를 지속시키고 스스로 생각하는 힘을 길러주기 위해서는 놀이의 주도권을 아이에게 주어야 합니다. 그렇다고 아이 혼자 놀게 내버려 두라는 뜻은 아닙니다. 아이가 호기심을 보일 때 적절한 반응을 해야 합니다. 즉, 아이가 이끌고 엄마가 따라가는 것이 가장 바람직합니다.

상상력을 키워주는 놀잇감 적극 활용하기

정해진 규칙 없이 놀 수 있는 게 좋은 놀잇감입니다. 정교하게 만들어진 장난감이나 다양한 기능을 가진 장난감은 아이에게 상상할 기회를 덜 주지요.

대부분 자연물이 상상력 발달에 좋은 장난감이 됩니다. 찰흙은 여러 가지 모양을 만들면서 상상력을 발휘할 수 있는 좋은 재료 중 하나죠. 모래 또한 고정된 형태가 없어서 표현할 가능성이 무한합니다. 밀가루 반죽 또한 마찬가지입니다. 말랑말랑한 밀가루 반죽으로 자신만의 창작물을 만들면서 상상력과 창의성을 계발할 수 있습니다. 밀가루나 전분 가루를 사용할 때 식용유를 약간 섞어서 반죽하면 질감도 좋아지고 아이 손에도 잘 붙지 않아서 잘 놀 수 있습니다.

선택권은 아이에게

혹시 옷 입기, 밥 먹기, 신발 신기까지 옆에서 일일이 챙겨주는 부모는 아닌지 한번 돌아보세요. 아이를 온실 속 화초로 키우고 있는 것은 아닌지 점검해봐야 합니다. 부모는 아이 스스로 선택과 결정을 할 수 있도록 옆에서 도와주는 역할을 하면 됩니다. 아이 스스로 문제를 해결할 방법을 찾는 과정에서 생각하는 힘이 자랍니다. 상상한 것을 직접 시도하면서 창의성과 행동력이 자라지요. 독립심 있고 책임감 있는 아이로 성장하기 바란다면 아이에게 선택권을 주세요.

다양한 활동 시도하기

토끼와 관련된 책을 읽었다면 토끼에 관해 다양한 방법으로 공부해봅니다. 토끼의 생김새, 토끼의 먹이, 토끼의 집, 토끼와 관련된 옛이야기 등 한 가지 주제를 가능한 한 다양한 방법으로 공부하는 것이지요.

높낮이나 길이를 공부한다면, 그림책 외에도 주변에서 흔히 볼 수 있는 물건을 비교하는 겁니다. 자연관찰을 통해 식물이나 동물을 직접 눈으로 보고 손으로 만지며 촉감을 느껴봅니다. 집에서 하는 요리 활동 또한 상상력을 키우는 데 도움이 됩니다. 그림을 그릴 때도 다양한 재료를 활용할 수 있지요. 모래와 물감을 섞는다든지, 풀과 물감을 섞어보는 것처럼 재료를 혼합하는 방법도 좋습니다.

4~5세 아이들은 역할 놀이나 극 놀이를 매우 좋아합니다. 이때 중요한 것은 아이에게 이렇게 저렇게 하라고 지시하지 않는 것입니다. 최대한 아이가 표현하고 싶은 대로 자유롭게 말하고 행동하도록 두세요. 예를 들어 아이와 함께 아기 토끼와 엄마 토끼 역할 놀이를 한

다면, 아이가 자신이 관찰한 아기 토끼의 행동과 생활을 직접 흉내 내보는 놀이를 할 수 있습니다.

관찰하고 흉내 내는 활동을 통해 아이의 상상력이 더욱 풍부해집니다. 아이가 꼭 아기 토끼 역할이 아니라 엄마 토끼 역할을 하고 싶다면 엄마가 아기 토끼 역할을 해주세요.

음악 들으며 그림 그리기

아이에게 음악을 들려주며 그림을 그리게 하는 것은 청각과 시각을 동시에 자극하여 공감각 발달에 좋습니다. 음악의 멜로디나 비트를 듣고 선이나 그림으로 표현해보는 것이죠.

음계를 듣고 각 음계에 어울리는 색깔을 선택하여 그림을 그린다든지 하는, 소리와 색을 동시에 경험하게 하는 훈련이 가능합니다. 예를 들어 '미'는 노란색, '솔'은 초록색 등 음계에 따라 자신이 선택한 물감 색으로 그림을 그려보는 활동, 음악을 듣고 느낀 기분을 그림으로 표현해보는 활동 등이 있습니다.

상상을 그림으로 기록하기

유명한 화가이면서 건축가, 조각가로 다재다능한 천재였던 레오나르도 다빈치는 다양한 발명품을 만드는 등 아이디어가 많은 사람이

었습니다. 친구들을 불러서 요리를 해주는 것도 좋아해서 스파게티를 만들고 보티첼리와 함께 음식점을 운영하기도 했다고 하네요. 그는 자신의 모든 발상을 노트에 적었는데 글보다 그림이나 기호가 많았습니다. 자신의 아이디어와 생각을 노트에 시각적으로 표현한 것이죠. 눈에 보이는 것을 노트에 옮겨 적는 것이 아니라, 머릿속의 상상을 그림으로 그려보는 것도 훌륭한 기록이 됩니다.

아이와 함께 요리하기

아이와 요리를 함께 하는 것은 교육적으로 가장 큰 효과를 볼 수 있습니다. 만점짜리죠. 아이는 식재료를 만져보고 씻고, 냄새를 맡고 다루는 동안 다양한 차이를 느끼며 자극을 받습니다. 단, 이때 요리의 완성보다는 만드는 과정에 집중하는 것이 중요합니다. 아이에게 재료의 맛과 냄새 촉감은 어떤지, 다른 재료들과의 차이는 무엇인지 등을 물어보고 서로의 의견을 말해봅니다.

35
스스로 공부하는 아이로 키우고 싶어요

"학습지를 잘할 때 몇 번 아이스크림을 사주었더니 그다음부터는 사줄 때만 하려고 하고 사주지 않으면 쳐다보지도 않아요. 의지력의 문제인가요?"

유아기 때는 신경이 덜 쓰였는데 어린이집이나 유치원에 다닐 시기가 되면 아이의 공부에 신경이 쓰입니다. 부모라면 당연히 노력하는 모습이라도 보면 좋겠다든지 공부를 잘했으면 좋겠다든지 공부와 관련된 아이의 행동에 관심을 두기 마련입니다.

부모가 아이의 학습적인 부분을 시작해야겠다고 마음을 먹지만, 사실 초기의 학습은 아이에게는 그저 놀이 중 한 가지일 뿐입니다.

당사자인 아이는 학습을 놀이로 여기고 있는데 부모가 놀이 형태로 접근하지 않고 '가르쳐야 한다'는 마음을 가지면 아이는 본능적으로 '지금까지 놀이와 다르구나', '힘이 드는데'라고 느낍니다.

학습이나 공부는 아이의 생각이 중요합니다. 48개월 이후 호기심이 가득한 시기에 기존에 하던 놀이 형태와 전혀 다른 방식으로 학습을 시작하면 오히려 아이의 흥미를 떨어뜨릴 수 있습니다. 특히 수와 한글을 알아갈 시기에는 더욱 강하게 나타납니다. 즐겁고 자유로웠던 놀이와 달리 학습이 시작되면서는 질문과 강요가 느껴지기 때문입니다.

만약 아이에게 학습지를 푸는 시간이 즐거웠다면 아이스크림 같은 상은 필요 없었을 것입니다. 부모는 학습지의 목적을 아이를 잡아두고, 문제를 풀게 하고, 글씨를 알도록 하는 데 두고, 아이에게 그 보상으로 아이스크림을 사 준 것이죠. 이런 패턴이 반복되면 아이스크림을 먹기 위해, 즉 상이라는 어떤 조건이 주어질 때만 학습지를 하게 됩니다. '놀고 있을 때는 아이스크림을 사 주지 않았는데, 이것은 좀 다르네.' 하는 생각을 하지요. 게다가 학습지를 끝내고 나면 아이보다 부모가 더 즐거워하기도 합니다. 지금까지의 놀이와는 다른 반응이지요. 부모의 이런 태도에서 아이는 안도감을 느낍니다. 사실 놀이를 하고 난 후에 안도감을 느낀 적은 없었지요.

아이나 어른이나 마찬가지입니다. 스스로 공부를 하기 위해서는 내적 자극이 필요합니다. 아이 스스로 호기심이 발동하고, 해보려는 의지가 생기는 자극이 필요합니다. 그런데 아이스크림은 외적 동기입니다.

외적 동기는 스스로 하는 공부를 어렵게 만듭니다. 몇몇 아이들은 학습지 하는 이유가 '엄마 때문'이라고 말합니다. 아이의 의지보다도 부모의 요구를 못 이겨서 하는 것입니다.

외부 자극은 내적 자극에 비해 오래가지 못합니다. 부모는 아이가 스스로 공부할 수 있는 내적 동기를 유발해야 합니다. '내가 공부하면 부모가 좋아하니 공부를 해주고 필요한 것을 부모에게 얻는다'는 아이는 공부를 무언가 원하는 것을 얻어내기 위한 수단으로 여기는 것입니다. 즉, 자기에게 필요한 것이 있을 때만 공부하는 습관이 나타날 수 있습니다.

앞에 소개한 어머니의 고민은 아이의 의지력이 부족하기보다는 내적 동기가 부족해서 일어나는 일입니다. 숙제를 다 해야 용돈을 주겠다고 하면, 용돈을 주지 않는다거나 용돈이 필요 없다면 당연히 그 행동을 멈추겠죠. 이를 닦으면 스마트폰을 보여주겠다는 것도 비슷한 경우입니다. 상황에 따라 변하는 외적 동기는 오래가지 못합니다. 자발적인 내적 동기에 의해 학습을 하면 학습 능률도 오르고 배우고자 하는 마음도 오래갑니다.

그러면 어떻게 해야 아이의 내적 동기를 끌어낼 수 있을까요? 내적 동기를 유발하기 위해서는 세 가지 요소가 충족되어야 합니다. 바로 '자율성', '자신감', '도전 정신'입니다.

자율성은 부모가 몇 가지를 제시하고 그중 아이가 하고 싶은 것을 정하도록 하는 방법이 있습니다. 예를 들면 부모와 함께 아이 스스로 지킬 수 있는 시간표를 만들고 지켜나가는 것도 하나의 방법입니다. 시간표를 복잡하지 않게 간단한 부분부터 연필 놀이 시간, 블록 놀이 시간, 자유 놀이 시간 등을 정하면 됩니다. 연필 놀이 시간을 잘했다고 칭찬하는 것이 아니라 시간표를 잘 지킬 때마다 칭찬과 함께 간단한 보상도 해줍니다.

자신감을 키워주기 위해서는 구체적으로 칭찬해야 합니다. 또 하려는 의지를 키워주는 것이지요. 예를 들면 "연필 놀이 시간에 집 근처 똑같은 간판 글씨를 너무 잘 찾더구나", "블록 놀이를 할 때 튼튼한 방을 만들어줘서 인형이 편하게 잠 잘 수 있었어"라고 구체적인 이유를 들어 칭찬하는 것이죠.

사실 아이들은 모두 배우고자 하는 마음을 가지고 있습니다. 문제는 부모가 어떻게 접근하는가입니다. 부모는 학습 부분을 강조하는 경우가 많지만 아이는 다를 수 있습니다.

아이는 자신이 좋아하는 것을 배울 때 학습 능률이 올라갑니다. 아이와 함께 하고 싶은 것을 상의하고 어떻게 하면 좋을지 방법과 시간 등 구체적인 내용에 관해서 이야기를 나누세요. 아이가 생각하기 어려운 경우에는 부모가 몇 가지를 제안하고 아이가 선택하면 됩니다. 예로 한글을 가르치고 싶다면 다음과 같은 방법이 있습니다.

- 집 주변 간판을 사진 찍어와서 아이랑 보기 (자주 보는 것들)

- 가족 사진을 붙이고 글씨랑 매칭시키기 (익숙한 사진)
- 색종이 위에 물풀로 글씨를 쓰고 그 위에 밀가루를 뿌려 글자 만들기 (신기한 놀이 글자)
- 점토로 입체 글자 만들어보기 (시지각, 소근육 발달)
- 손, 등, 팔 등에 간지럽히면서 글자를 쓰고 맞추기 (감각적 놀이)
- 같은 모양의 글자 짝짓기 (다양한 매칭 놀이)
- 사물 형태 글자 카드를 보면서 스피드 퀴즈 놀이 (사회성 발달 놀이) 등

학습이 필요한 시점이 온다면 초기에 놀이 형태로 접근하는 것이 더 좋습니다. 학습은 반드시 가만히 앉아서 따라 쓰고 풀이를 하지 않아도 됩니다. 초기 학습은 놀이의 형태로 진행하면서 흥미로운 것을 즐겁게 알아가는 것이 목표입니다. 부모와 놀이를 하며 즐겁게 지내듯 자연스럽게 학습을 시작하면 내적 동기도 생기고 공부에 관한 거부반응도 눈에 띄게 줄어듭니다.

백 점을 받았다면 백 점이라는 결과를 칭찬하는 것보다 "그렇게 열심히 하더니 백 점을 받았네. 열심히 하는 모습이 너무 멋있었어"라고 과정을 칭찬하는 것이 좋습니다. 칭찬의 포인트가 달라야 합니다. 그리고 아이가 안정적으로 집중해서 학습할 수 있는 공간도 만들어 주세요.

36
집중력을 키워주고 싶어요

크게 마음먹고 아이의 장난감 하나를 샀습니다. 아이는 빨리 집에 가서 놀고 싶어 하지요. 부모도 아이가 즐거워하니 같이 즐겁습니다.

"그래 빨리 집에 가서 뜯어보자!"

도착하자마자 아이랑 포장을 뜯고 요리조리 살펴봅니다.

"재미있게 갖고 놀아."

아이는 즐겁게 가지고 놉니다. 그런데 잠시 뒤, 아이가 와서 놀아 달라고 칭얼댑니다.

"아까 사 준 장난감 어디 있어? 그거 가지고 놀아."

엄마는 거실 구석에 흩어져 있는 장난감을 발견합니다.

"헉. 벌써 다 논 거야?"

아동기 발달은 크게 '성장'과 '성숙' 두 부분으로 구분합니다. 성장은 키나 몸무게가 커나가는 것을 말하고 성숙은 생각과 사고가 깊어지는 것을 의미합니다.

성숙은 사고와 인지 영역으로 주의집중력이 포함됩니다. 주의집중 시간이 점점 길어지고 사고의 범위가 넓어지는 것은 성숙하고 있다는 거지요. 아이들은 자신이 좋아하는 장소(공간)에서나 좋아하는 물건을 보면 시간이 흐르는 사실을 까맣게 잊어버립니다. 놀이터에서 친구들이랑 놀면 집에 갈 생각을 하지 않지요. 그런데 이것은 성인도 마찬가지입니다. 좋아하고 잘하는 게임은 밤을 새워가며 할 수 있습니다. 아이나 어른이나 좋아하는 것에는 집중력이 발휘되고, 하기 싫은 일에는 산만해집니다.

집중력이란 정보를 선택적으로 받아들일 수 있는 능력의 척도입니다. 필요한 정보는 받아들이고 필요 없는 정보를 무시할 수 있는 능력입니다. 좋아하는 일, 꼭 해야겠다고 마음먹은 일을 할 때는 주의집중력도 높아집니다. 공부가 흥미 있으면 구급차 사이렌 소리도 들리지 않습니다. 재미없다고 느끼면 발걸음 소리도 귀에 거슬리지요.

발달 단계에 있는 아이들은 자라면서 주의집중 시간이 점점 길어집니다. 아이마다 주의집중 시간은 조금씩 차이가 있습니다만 성장하면서 주의집중 시간은 얼마나 늘어날까요? 그 집중 시간에 맞춘 적절한 학습, 놀이는 어떤 것들이 있을까요?

1~12개월

익숙한 놀잇감, 감각적 물건 및 활동을 10초 단위로 집중하였다가 하지 않는 것을 반복합니다. 이 시기는 감각적인 단순한 형태의 놀잇감을 제공하는 것이 좋습니다.

소리가 나서 청각을 자극하는 장난감, 만지기를 할 수 있어 촉감을 자극하는 것, 시각적 자극 등을 제시합니다. 아이에게 한 가지 반응을 연속적으로 집중시키기가 쉽지 않은 시기입니다. 돌사진 찍을 때 얼마나 힘들었는지를 기억해보세요. 카메라를 쳐다보게 하려고 온갖 몸짓과 소리를 내서 얻은 것은 웃는 사진 몇 컷뿐이지요.

감각적인 부분은 다른 사람의 움직임을 보는 것, 사물을 관찰하고 만지는 것, 소리 듣는 것, 입으로 가져가는 것들 모두 놀이학습이 됩니다. 짧은 시간 집중시키고 주의 환기를 시켰다가 다시 교육하는 것이 좋습니다. 주위를 탐색하며 얻은 정보를 정리해 흡수할 수 있는 쉬는 시간이 필요합니다.

13~24개월

하나의 놀이에 몰입하듯 집중하는 시간은 20초입니다. 이 과정이 연속되면서 놀이에 약 5분 정도 집중할 수 있습니다. 걷기 시작하면서 아이의 활동 범위가 점차 넓어집니다. 아이를 과거와 비교하였을 때 운동 발달과 언어 발달이 완전히 탈바꿈하는 시기입니다. 무언가를 붙잡고 걷기, 옹알이를 하다가 의미 있는 의사소통이 가능해집니다. 걷기가 되면 간단한 목표를 정해주고 자신의 움직임을 마음껏 활용하며 놀 수 있게 합니다.

바닥에 넘어져도 다치지 않도록 쿠션을 깔아두고 걸어가서 물건을 잡아서 엄마한테 갖다 주기, 입에 들어가지 않는 크기 정도의 쌓기 도구를 이용하여 높이 쌓기나 나열하기, 크기나 높낮이 길이 등을 비교하며 설명하는 놀이를 합니다.

음악과 관련된 놀이를 하기에도 좋은 시기입니다. 음악은 특별한 활동이 아니어도 아이가 듣고 반응을 보일 수 있으면 됩니다. 즐거운 음악이 나오면 몸을 흔들고 엄마와 함께 따라 부르기만 해도 훌륭한 교육입니다. 즐거운 말 놀이를 진행합니다. 다양한 억양과 목소리로 재미있는 대화를 진행해보세요.

25~36개월

옷 입기나 그리기 같은 행동을 하면서 1분 단위로 집중을 할 수 있습니다. 이러한 과정이 이어져 10분 정도 집중력을 유지합니다. 움직임이 활발해지고 소근육이 발달하며, 서너 단어를 결합해 말을 합니다. 스스로 해보려는 시도가 많아지므로 제한하기보다는 안전하게 시도할 수 있는 방법을 찾아봅니다. 손으로 연필을 잡고 긁적이기를 시작하면서 그림이 조금씩 완성되어가는 시기입니다. 부모의 응원이 있으면 숨어 있던 집중력이 발휘됩니다.

- 신변 처리 : 스스로 옷 입기, 인형 옷 입히기
- 신체 균형 : 공을 가지고 하는 여러 가지 놀이, 줄 따라 걷기, 자전거 타기, 징검다리 건너기
- 언어 지도 : 단순 상황 이야기, 단어 설명하기, 새로운 어휘 개념 익혀나가기
- 소근육 발달 : 그림, 오리기와 붙이기, 쌓기 놀이
- 습관 형성 : 식습관, 텔레비전 스마트폰 보지 않기, 책 보는 습관 들이기
- 사회성 형성 : 울면서 이야기하지 않기, 자기중심적 사고에서 점차 다른 사람 생각도 들어보기

만 3~4세

혼자서 하나의 장난감을 가지고 3분 정도 집중합니다. 시간에 따라 새로운 호기심이 발동하며 전체적으로 약 15분 정도 집중합니다. 하나의 활동을 이어갈 때 중간중간 환기하는 시간을 가지면서 주의 집중하는 시간을 늘려갑니다. 색칠놀이를 한다면 다양한 색을 가지고 색칠하면서 집중과 휴식을 적절히 배분합니다. 색을 바꾸는 동안에 잠시 쉬는 시간이 생깁니다.

- 창작 사고 : 책 보기, 복잡하지 않은 재료들로 창작 활동, 블록 놀이
- 신체 활동 : 목표를 설정한 공 놀이, 몸으로 다양한 표현하기
- 균형 조절 : 뒤로 걷기, 옆으로 걷기, 사자처럼 걷기
- 인지 발달 : 반대말, 크기, 색 구분, 숫자 놀이, 노래 개사 및 창작, 그림
- 언어 발달 : 문장 완성하기(예: 아빠는 ○○), 상황 설명하기

만 4~5세

선호하는 학습에 집중하는 시간은 5분 정도이며, 전체적으로 약 15분에서 30분 정도 집중할 수 있습니다. 이 시기는 아이들이 좋아하는 학습을 하면 됩니다.

이 시기에는 어떤 것이 더 재미있는지, 흥미 있는지 아이가 알고 있습니다. 어릴 때는 이것 하자 그러면 다른 것을 잘 생각하지 못합니다. 그저 하기 싫으면 고집을 피우지요. 하지만 이 시기에는 '이것' 하자고 하면 이것 말고 '이렇게 하자'라는 답변이 나오기도 합니다. 그 전보다 좀 더 정밀한 블록, 규칙이 있는 게임, 연극 놀이, 역할 놀이, 대결 및 협동 공 놀이, 한 발 균형 잡기, 던지고 받기, 음악 미술과 같은 예능 및 신체 운동을 중심으로 교육합니다.

그림과 글자의 매칭(기초 단계 설명하기)을 시작해도 좋습니다. 환경

에 따라 주의집중하는 시간이 다르고 같은 개월 수라도 개인차가 있으니 주의집중에 따른 교육 및 놀이 방법은 아이의 개인차를 확인하고 진행합니다. 집중력은 자신의 주변을 통합하는 데 도움이 되는 중요한 기술입니다. 그래서 집중하지 않으면 감각 느낌, 기억, 상상력과 정서가 쉽게 산만해지게 됩니다.

아이의 주의집중력을 끌어올리는 방법 중 최고는 바로 '부모와 함께 하기'입니다. 매번 모든 것을 함께 해줄 수는 없지만 부모가 아이와 같이 집중하는 시간을 늘려가며 놀아주면 차츰 아이 혼자서도 집중하는 시간이 늘어납니다. 나중에는 목표나 기준을 정해주고 혼자 집중하도록 해주세요.

우리 아이
인생 습관을 만드는
하루하루 행동 코칭

초판 1쇄 찍은날 2019년 4월 21일
초판 1쇄 펴낸날 2019년 5월 1일

지은이 한춘근
펴낸이 정종호
펴낸곳 청어람미디어(청어람라이프)

편집 홍선영
디자인 이원우
마케팅 황효선
제작 · 관리 정수진
인쇄 · 제본 서정바인텍

등록 1998년 12월 8일 제22-1469호
주소 03908 서울시 마포구 월드컵북로 375, 402호
블로그 www.chungarammedia.com
전화 02)3143-4006~8
팩스 02)3143-4003

ISBN 979-11-5871-103-0 03590
잘못된 책은 구입하신 서점에서 바꾸어 드립니다. 값은 뒤표지에 있습니다.

이 도서의 국립중앙도서관 출판예정도서목록(CIP)은 서지정보유통지원시스템 홈페이지(http://seoji.nl.go.kr)와 국가자료종합목록시스템(http://www.nl.go.kr/kolisnet)에서 이용하실 수 있습니다.
(CIP제어번호 : CIP2019015025)